· DU PASSÉ

ET DE L'AVENIR DES HARAS

BORDEAUX, IMP. G. GOUNOUILHOU,
ancien hôtel de l'Archevêché.

DU PASSÉ

ET DE

L'AVENIR DES HARAS

RECHERCHES SUR LE COMMERCE,
LES DÉNOMINATIONS ET LA PRODUCTION DES CHEVAUX,
PRINCIPALEMENT EN FRANCE, AVANT 1789

PAR

FRANCISQUE-MICHEL

CORRESPONDANT DE L'INSTITUT DE FRANCE, ETC.

PARIS

MICHEL LÉVY FRÈRES,
RUE VIVIENNE, N° 2 BIS

LONDRES ET EDINBURGH
WILLIAMS ET NORGATE.

M DCCC LX

1860

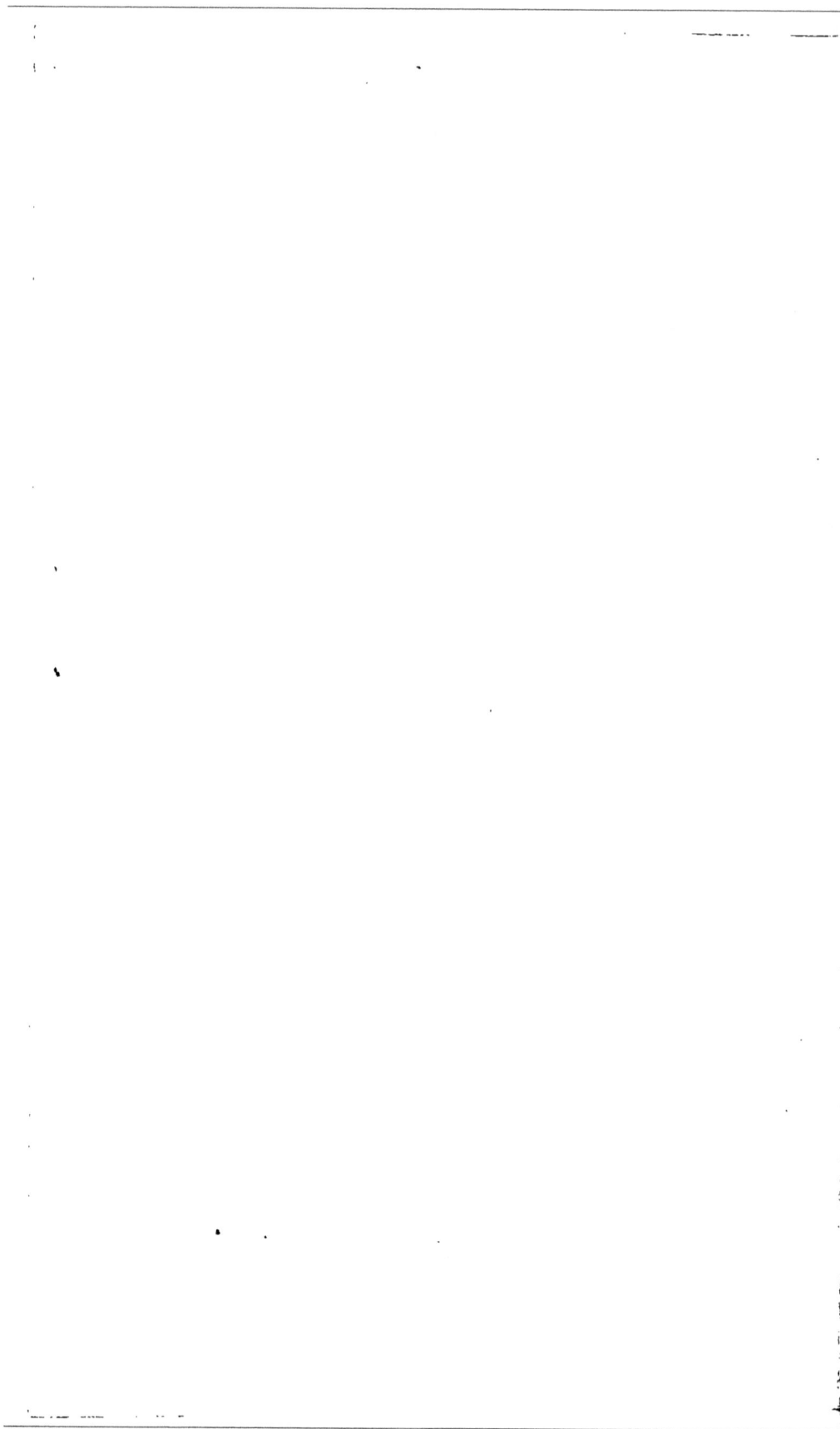

TABLE DES MATIÈRES.

INTRODUCTION [1].

Au milieu des nombreuses préoccupations qui assaillent en ce moment l'administration supérieure, il en est une qui emprunte son importance à des intérêts plus élevés que ceux de quelques provinces, de quelques industries : il s'agit de l'avenir de la race chevaline et de l'existence des haras, dont les efforts constants ont amené cette race au point où nous la voyons arrivée chez nous.

> To be or not to be, that's the question.

Depuis près d'un quart de siècle, les chemins de fer se sont tellement développés sur toute la surface de l'Europe, et avant ces derniers temps les appréhensions de guerre se sont si rarement manifestées, que l'on pouvait prédire la décadence prochaine de l'industrie des éleveurs de chevaux. Mais il en a été de la vapeur comme du gaz : celui-ci devait inévitablement sinon

---

[1] Pour rendre plus facile la lecture de ce qui va suivre, nous avons rejeté les notes et éclaircissements à la fin du volume.

abolir, du moins restreindre considérablement l'usage de l'huile et du suif. Or, ce fut le contraire qui arriva. Promptement habitué aux splendeurs de son magasin, le boutiquier ne se contenta plus de la modeste chandelle qui éclairait le souper paternel : il lui fallut une lampe carcel, si ce n'est deux bougies dans son appartement. Avait-il à effectuer un voyage pour ses affaires, le citadin ou le propriétaire campagnard hésitait longtemps avant de quitter son gîte. Passe encore la grande route avec ses tableaux variés et changeants, la diligence, si féconde en rencontres imprévues; mais les chemins de traverse n'existaient pas ou n'en valaient guère mieux, si bien qu'à certaines époques de l'année il était de tout point exact de dire, quand on quittait le chemin du roi, que l'on s'enfonçait dans les terres. Aussi, du commun des martyrs, les plus intrépides ne venaient au chef-lieu que trois, quatre fois l'an, aux grandes foires. Aujourd'hui, quel changement! la vapeur semble être montée à toutes les têtes et avoir enivré jusqu'à ceux qui sont restés si longtemps incrédules aux merveilles qu'on leur en racontait : tout le monde veut voir de nouveaux cieux, et tel se met en route et en dépense pour réaliser une économie, souvent de quelques centimes, sur le prix d'un objet qu'il aurait trouvé chez son voisin. Au plus pauvre, s'il revient chargé, il faut bien une voiture pour le ramener. Et ce n'est pas tout : le voyageur qui vient de franchir en trois heures une distance de 120 kilomètres, ne peut plus se faire à l'idée de mettre douze heures pour accomplir le même voyage sur une route ordinaire, et il demande au cheval de l'emporter avec la rapidité de cette autre bête qui se nourrit de charbon et d'eau, et dont les naseaux sifflants jettent aussi de la fumée.

Voilà pour la paix. Mais le vent vient de se lever à la guerre, et l'appel du clairon se croise avec celui des locomotives. Comme aux anciens jours, « le cheval creuse la terre, plein d'émotion et d'ardeur au son de la trompette, et il ne peut se retenir. — Au son bruyant de la trompette, il dit : Ah! ah! Il flaire de loin la bataille, le tonnerre des capitaines et le cri de triomphe [1]. » Qui nous donnera de ces animaux héroïques pour aider à la défense du pays, au rétablissement, au maintien de notre légitime prépondérance dans le monde?

Moi, répond l'administration des haras. Où peut-on mieux opérer, ajoute-t-elle, ces mariages savamment combinés d'où sortent des spécialités étonnantes de bêtes généreuses? où mieux accumuler, en les unissant entre eux, la sève de race? Une persévérance d'un siècle dans cette voie, qu'un particulier ne saurait suivre si longtemps, finit par produire Éclipse, « ce mâle des mâles, cette flamme qui courait plus vite que la voix et le regard, avec qui aucun cheval n'affronta plus le concours, et qui, par ses 400 fils, pendant 20 ans, emporta les prix de toute l'Europe [2]. » Ces promesses ne sont pas accueillies partout avec la même confiance; par exemple, dans les départements du Calvados et de l'Eure, on se plaint de l'abus du *pur sang,* de l'exagération des courses, et des mauvais résultats obtenus par l'emploi d'étalons achetés dans l'intérieur et ayant couru trop jeunes sur les hippodromes ; on signale unanimement l'insuffisance numérique des étalons de l'administration des haras ; on critique la tendance de trop s'en rapporter à l'industrie privée, et on réclame le rétablissement des *jumenteries*.

Ces doléances, portées au Sénat sous forme de pétitions, ont donné lieu à des rapports très-bien faits, à des discussions fort intéressantes ; mais le débat est loin d'être épuisé. Il semble même que la perplexité de Celui qui est appelé à décider la question, n'ait pu que s'augmenter en face d'arguments dont le moindre avait sa valeur, et de raisons quelquefois solides et toujours spécieuses. Quant aux faits, ils ne sont guère rappelés qu'à partir du commencement de ce siècle, comme si le cheval, ce compagnon de l'homme, n'avait pas, lui aussi, un passé dont on pût tirer parti pour régler l'avenir.

A cet oubli, notre susceptibilité de *médiéviste* s'est émue, et nous nous sommes demandé si en ajoutant à ce que nous avions déjà écrit sur ce sujet les résultats dus à des fouilles ultérieures, nous ne ferions pas quelque chose d'utile dans l'état présent de la question. Avec cette idée, nous nous sommes mis à l'œuvre, en attendant qu'un plus savant, en complétant nos recherches, les fasse oublier.

DU PASSÉ

ET DE

L'AVENIR DES HARAS

CHAPITRE Ier.

Commerce, dénominations, usage, prix des chevaux, principalement en France avant 1789. — Inventaire des chevaux du roi Louis Hutin. — Chevaux de Jeanne Darc.

L'équitation tenait une place trop considérable dans l'existence de nos ancêtres[1] pour qu'ils n'attachassent point la plus grande importance au cheval, cet auxiliaire si précieux dans la vie féodale, à l'entrée de laquelle on le trouvait. En effet, un cheval de bataille était dû à chaque mutation et de seigneur et de vassal: on ne le devait point tant qu'on restait sous la même foi, c'est-à-dire tant qu'il n'y avait pas de nouveau serment à prêter. Le seigneur le réclamait-il en disant : « Rendez-moy mon roncin de service, car je le vuel avoir; je n'en vuel mie avoir deniers (mots qui supposent que cette obligation était aussi quelquefois convertie en argent), adonc, ajoutent les Établissements de saint Louis, il li doit amener son roncin de service dedans soixante jours, se cil ne li en veut donner plus long terme [1]. » La loi prescrivait ensuite de l'amener bridé, sellé, pourvu de tout ce qui lui était nécessaire et ferré des quatre pieds. Le seigneur trouvait-il trop faible le cheval qu'on lui offrait, le vassal pouvait en demander l'essai ; un écuyer devait alors, armé de pied en cap, le monter, le conduire à douze lieues dans un jour, en revenir sur lui le lendemain : si l'animal supportait aisément ce double voyage, le seigneur n'avait pas le droit de le refuser [2], et le lien de vasselage était rompu. Suivant nous, rien ne fait encore mieux comprendre l'importance du rôle du cheval dans la vie féodale, qu'en voyant, en certaines occasions, le roi de France servi à table par ses barons à cheval [3].

Autant que leurs moyens le leur permettaient, nos ancêtres commençaient par chercher leur monture parmi ces chevaux de guerre que le commerce continuait à importer de l'Orient, ce grand haras du monde entier [4]. Aussi, venus du Levant ou non, les dextriers du moyen âge portaient-ils, dans nos anciens poëmes, l'épithète ou le nom d'*Arabes* tout court.

L'auteur du Roman de Gérard de Rossillon dit de l'un d'eux, nommé Bausan, qu'il était *ferrans* et bai, et ajoute : « Il fut moitié *arabitz*, moitié moresque [5]. » Sûrement le mot *morais* employé par le troubadour signifie *noir, couleur de mûre;* et *arabis* ne peut qu'indiquer une autre nuance ; mais on trouve ailleurs, appliqué à des chevaux, cet adjectif avec son sens propre.

Deux autres poètes méridionaux parlent de dextriers *arabis,* pendant que des trouvères du XIIIe siècle en mentionnent pareillement de leur côté. *Arabis, Arabois,* dans ces vieux rimeurs, n'a pas d'autre sens qu'*Arabes* [1]; tandis que dans les vers du Roman de Gérard de Rossillon, je le répète, on ne peut se refuser à regarder *arabitz* comme désignant une couleur, celle que le troubadour exprime par l'adjectif *ferrans,* que l'on trouve quelquefois joint avec *rouan* et *pommelé,* dans des chansons de geste du moyen âge. D'après deux d'entre elles, il semblerait que les arabis étaient roux ou fauves [2].

Bien avant l'époque où ces poëmes furent composés, on recherchait en Occident des chevaux de sang oriental. Dans une lettre écrite entre 705 et 707 au roi de Galice, Alphonse, le pape Jean VII lui recommandait de ne pas oublier de lui envoyer quelques utiles et excellents chevaux morisques, que les Espagnols, dit-il, appellent *alpharaces* [3]. Une autre lettre du pape Léon III à Charlemagne fait mention d'une escadre sarrazine qui étoit descendue dans une île voisine de la côte de Naples, ayant à bord quelques chevaux morisques. Il est vrai que le pape ajoute que l'escadre étant obligée de remettre à la voile sans pouvoir ramener les chevaux, ces malheureux animaux furent mis à mort. En effet, un des articles du code militaire des Mahométans est ainsi conçu : « Lorsque vous vous retirerez d'un pays ennemi, vous n'y laisserez ni chevaux, ni bestiaux, ni fourrages, ni provisions, ni rien de ce qui pourrait tourner à la défense de l'ennemi[1]. »

Vers la fin du VIIIe siècle, un nommé Jean ayant offert à Louis, roi d'Aquitaine, un excellent cheval conquis sur les Arabes dans un combat en Catalogne, ce prince ne crut pas pouvoir moins faire, pour reconnaître un pareil présent, que de concéder au donateur une terre dans le territoire de Narbonne [2].

Pendant tout le moyen âge, on tint en grande estime non-seulement les chevaux, mais encore les mulets arabes, et généralement ceux d'Orient, même les ânes [3]. Nos trouvères vont jusqu'à mentionner des chevaux indiens [4]; mais il y a toute apparence que par ce mot ils entendent les chevaux de l'Asie-Mineure, car lorsqu'ils ont soin de spécifier plus nettement la provenance de ces animaux, ils nomment Damas [5], qui cependant (il faut le dire) était déjà dans l'antiquité un des entrepôts des marchandises de l'Inde [6], et ils citent Tabarie, c'est-à-dire Tibériade, et Tyr [7]. L'un d'eux parle d'un *vair* de Calidone [8]. Qui peut dire qu'il n'ait pas eu quelque réminiscence de ces chevaux d'Arcadie et d'Épire vantés par Sidoine Apollinaire [9], de ceux de Thessalie qu'Apulée met sur la même ligne que les juments de la Gaule [10], ou de ces chevaux dont parle Némésien, nés de pères de Cappadoce, de mères de Phrygie, et nourris dans les herbages d'Argos [11]? Saint George, le brillant cavalier dont l'Angleterre a fait son patron, était de Cappadoce et n'avait point dû aller chercher son cheval ailleurs.

La renommée de ces chevaux du Levant, auxquels il ne faut pas manquer de joindre ceux de Barbarie et ceux de Nubie, célèbres dès le Xe siècle [1], était si bien fondée au XIIIe, que l'auteur de *Partonopeus de Blois,* après nous avoir montré son héros tourné vers l'Orient et contemplant la vaste mer, ne manque pas d'ajouter : « Par là viennent les tissus d'Alexandrie, les bonnes soieries et les bons chevaux de course[2]. » Ces bons chevaux devaient être plus particulièrement des descendants de ces chevaux d'Égypte qu'une peinture antique de ce pays nous montre pleins de noblesse et de feu, et dont deux écrivains anciens parlent avec éloges, en même temps que du cheval numide[3].

Depuis le XIIIe siècle, d'où date la composition du Roman de Partonopeus de Blois, les chevaux de Turquie et de Grèce n'ont point cessé de venir en France, d'abord par la voie du commerce, puis par les Estradiots qui entrèrent au service de nos rois vers la fin du XVe siècle : « Estradiots, dit Philippe de Commines, en parlant de ce qui se passa avant la bataille de Fornoue[4], sont gens comme genetaires, vestus à pied et à cheval comme Turcs, sauf la teste, où ils ne portent ceste toile qu'ils appellent turban[5]. Ils estoient tous Grecs venus des places que les Vénitiens y ont : les uns de Naples (Napoli) de Romanie en la Morée, autres d'Albanie devers Duras, et sont leurs chevaux bons et tous de Turquie. »

En 1510, un membre de la maison de Ligne, prêt à partir pour Jérusalem, écrivait la lettre suivante au cardinal Wolsey : « Monsieur, je vous envoyray gens de toute sorte que vous m'avez mandé, et davantaige vous garde de beaulx chevaulx ; et se ch'est votre bon plaisir, chetteray demi-douzaine de chevaulx exquis, sy me le commandés[1]. » En 1531 et 1532, Henry VIII avait dans ses écuries un cheval barbe, dont il est souvent question dans les comptes de la maison du roi pour ces années[2]. A voir les mentions accordées au *Barbary horse,* qui, dans un endroit, est appelé *Barra horse,* et dans un autre, *Barbaristo horse,* on se rend aisément compte du prix que Henry attachait à cet animal. Peut-être l'avait-il reçu en présent de quelque souverain.

Un écrivain de l'époque, parlant de l'armée française qui, rassemblée près de Metz, attendait la venue du roi, représente les hommes d'armes montés « sur gros roussins, ou coursiers du royaume, et chevaux turcs[3]. » Un autre, racontant l'entrée du roi Charles IX à Paris, en 1571, peu avant le sacre de la reine Elizabeth, sa femme, à Saint-Denis, signale pareillement les pages des gentilhommes de la chambre, capitaines, comtes, chevaliers de l'ordre, maréchaux de France et autres seigneurs, comme montés sur coursiers, roussins, chevaux d'Espagne et turcs[4]. Ce double témoignage donnerait à penser que ces chevaux du Levant se rencontraient alors en France plus communément qu'aujourd'hui. Un autre contemporain nous détrompera dans un passage trop important pour être omis : « Une partie de la monstre de la valeur du cavalier, dit le maréchal de Tavannes, gist en la bonté de son cheval. Les bons chevaux d'Es-

pagne, d'Italie et barbes sont rares; la vraye monture
du soldat sont des chevaux d'Allemagne. Les Bourgui-
gnons, Picards et Champenois en recouvrent commo-
dément, et deviennent bons estans travaillez modéré-
ment; et néanlmoins les chevaux des provinces de
France de bonne forse se treuveront plus exquis. La
cavalerie française est meilleure que toutes les autres [1]. »
De bonne force implique vraisemblablement une haute
taille. Or, que faut-il entendre par *taille* quand il s'agit
des chevaux au moyen âge? Guillaume du Bellay rapporte que, suivant la capitulation de Fossan en 1536,
on devait laisser dans la place tous les grands chevaux
qui excéderaient la hauteur de six palmes et quatre
doigts [2]; les petits chevaux étaient de six palmes seulement, suivant Monstrelet [3].

On pourrait citer encore nombre de passages relatifs aux chevaux barbes [4]; mais ils ne serviraient qu'à
prouver leur renom de vitesse bien établi, en dépit de
ce que peut dire un autre écrivain du XVIᵉ siècle [5]. Au
commencement du XVIIᵉ, on disait d'eux : « Les chevaux turcs, barbes et mores sont gaillards, courageux
et abhorrent les coups et piqueures, comme tous chevaux
de gentil courage, comme font sardes, c'est-à-dire de
Sardaigne [6]. »

Je me hâte de revenir aux trouvères.

Ils mentionnent fréquemment aussi des dextriers,
des chevaux gascons, que l'on appelait quelquefois *gascons* tout court [7]. Faut-il inférer de là que la Gascogne
produisît alors des chevaux très-estimés? César signale

les Sotiates, peuple d'Aquitaine, comme redoutables surtout par leur cavalerie[1]. En voyant à une cour plénière
tenue en 1172 par le comte de Toulouse, Raymond de
Venous faire brûler par ostentation trente de ses chevaux devant toute l'assemblée[2], et à lire un article d'un
synode provincial d'Auch, tenu l'an 1303, qui défend
aux archidiacres d'avoir, dans les visites qu'ils feront du
diocèse, plus de cinq chevaux, on peut croire que la
noblesse et le clergé de Gascogne avaient des haras[3].

Guillaume de Poitiers rapporte que des seigneurs de
Gascogne et d'Auvergne envoyaient ou amenaient à
Guillaume le Conquérant des chevaux désignés par des
noms propres, pleins de feu et instruits à tourner en
cercle[4]. Enguerrand de Monstrelet mentionne l'arrivée dans l'armée des Armagnacs, en 1406, d'un grand
nombre de Lombards et de Gascons, « lesquels, dit-il,
avoient leurs chevaux terribles et accoustumés de virer
en courant, ce que n'avoient accoustumé les François,
Picards, Flamands, ni les Brabançons à voir; et pour
ce leur sembloit estre grand merveille[5]. »

En même temps la Gascogne était l'entrepôt des chevaux qui, déjà du temps de Charlemagne[6], nous venaient de l'autre côté des Pyrénées, c'est-à-dire de Castille et d'Aragon, dont les dextriers et les mulets étaient
célèbres au XIIIe siècle, à l'égal des ânes de Navarre[7].
On comprend maintenant l'équivoque, involontaire ou
non, d'un vieil annaliste, qui donne à l'Aquitaine le nom
d'*Equitania*[8], dont Gervais de Tilbury voudrait faire
le véritable nom du pays. Dans le même volume de la

grande collection historique qui renferme les annales
où l'Aquitaine se trouve ainsi désignée, il est fait mention d'un chef gascon, possesseur d'un cheval dont la
patrie n'est pas indiquée, auquel la croyance populaire
prêtait un âge fabuleux [1]. Nous regrettons de ne pas
avoir son nom pour l'inscrire parmi ceux des dextriers
héroïques des paladins [2].

Une chose à remarquer, c'est que l'on n'y trouve pas
une seule jument. Les juments étaient, en effet, une
monture dérogeante, affectée aux roturiers et aux chevaliers dégradés, et si d'autres s'en servaient person-
nellement, c'était par suite d'un de ces serments en
vertu desquels on se soumettait à une épreuve jusqu'à
ce qu'on se fût acquitté d'un vœu. Peut-être, par un
usage prudent, avait-on réservé les juments pour la cul-
ture des terres, et pour multiplier l'espèce [3].

Dans une histoire romanesque empruntée à l'antiquité, il est parlé d'un *ferrant* de Navailles, c'est-à-dire
de Béarn [4]. Ailleurs, on voit des achats de chevaux faits
en Aquitaine pour le roi d'Angleterre [5]; et sur le registre de créances de Guild Hall, à Londres [6], un certain
Raimond de Bordeaux figure parmi des marchands de
cette ville et d'autres du Bordelais, pour un cheval du
prix de soixante-six sous huit deniers sterling [7]. Froissart vante Tarbes en raison des ressources qu'offrait le
pays pour l'élève des chevaux [8], et de Thou cite le Lavedan pour ses produits en ce genre [9]; mais en même
temps, on trouve sur un compte de 1364, « en pris de
chivalx achetez en Angleterre et envoyez vers les parties

d'Aquitaine, 772 livres 13 shillings 4 sous[1]. » Comment concilier ces diverses indications, de manière à déterminer la proportion dans laquelle la Gascogne entrait pour le nombre des chevaux en vente sur ses marchés ?

Les Mémoires de Sully nous révèlent une manœuvre qui avait lieu de son temps dans le but d'exploiter la bonne renommée des chevaux de Gascogne. Le grand ministre, que personne ne se serait attendu à voir transformé en maquignon, était aussi peu estimé autrefois qu'aujourd'hui[2], vécut pendant un certain temps du bénéfice qu'il faisait dans le commerce des chevaux ; il achetait à bon marché quantité de beaux courtauts, envoyant jusqu'en Allemagne pour cet effet, puis il les revendait si cher en Gascogne qu'ils lui payaient grande partie de sa dépense[3]. Seulement, pour en arriver là, il lui fallait sûrement déguiser l'origine septentrionale de l'animal, et pour cela, recourir à des subterfuges du métier ; en effet, de son temps le cheval allemand était, à ce qu'il paraît, tenu chez nous en mince estime, et mis sur la même ligne que le cheval français, qui n'était regardé comme propre qu'à la charrue. On considérait le cheval frison (car, du temps de Sully, on appelait encore ainsi le cheval d'Allemagne) comme poltron et naturellement malin, ayant le cœur double et lâche. Susceptible de se corriger par un rude traitement, il ne devenait que plus vicieux avec un maître doux et gracieux[4].

D'autres passages du même ouvrage témoignent en-

core du penchant de Sully pour le commerce des chevaux et de l'estime que l'on avait de son temps pour
ceux d'Espagne : « Estant donc party d'auprès du roy
de Navarre, fait-il dire à l'un de ses secrétaires, vous
vous en allastes à Rosny, où la première chose que
vous fistes, fut d'envoyer le sieur de Maignan, vostre
escuyer, à Paris, pour vous acheter de grands chevaux,
lequel, huict ou dix jours après, vous en amena six
assez beaux et bons, et entre iceux un cheval d'Espagne
noir, qui n'avait rien qu'une tache blanche sur la fesse
droicte : l'un des plus dociles chevaux que nous ayons
veu; car n'ayant que cinq ans, et n'ayant jamais esté
dressé, il manjoit terre à terre à toutes mains. Et un
cheval de Sardaigne, cavesse de More[1], ayant les oreilles fendues[2], le plus hardy et furieux cheval dont nous
ayons jamais ouy parler; car il se laissoit tirer des pis-
tolades et des arquebuzades aux pieds et aux environs de
la teste, sans se mouvoir, cligner les yeux, ny haucher
les oreilles; mais si quelqu'un luy eust présenté un espée
ou un baston, avec démonstration de le vouloir frapper,
aussi-tost il plioit les oreilles, rouloit les yeux, et ou-
vrant la bouche, se jettoit sur luy[3]. »

Plus loin, le même secrétaire continue ainsi : « Cependant vous pourveustes à vostre équipage; acheptastes de monsieur de la Rocheguyon un des plus beaux
chevaux d'Espagne qui se pouvoit voir, six cens escus;
trois autres chevaux de prix de messieurs de Laugnac,
de Rieux et de la Taillade; acheptastes au marché aux
chevaux un roussin roüan fleur de pesché quarante es-

cus, qui ne sembloit propre qu'à porter la malle [1], lequel
se fit si excellent cheval, que depuis vous le vendistes
six cens escus à monsieur le visdame de Chartres;
comme vous fistes aussi vostre cheval d'Espagne à monsieur de Nemours la Garnache douze cens escus, lesquels ne vous pouvant payer, vous en eustes une tapisserie des forces de Hercule, qui est en vostre grande
salle de Sully [2]. »

Un mot sur ce monsieur de la Taillade, auquel Sully
avait achevé un cheval. C'était un gentilhomme gascon.
Dès l'an 1549, Vieilleville le signale comme « recherché de trois ou quatre princes de France, à cause de sa
grande expériance et adresse à manier et dresser chevaux [3]. » Naturellement il se connaissait en cavaliers.
Ayant vu un Anglais à cheval, il dist à M. d'Espinay, qui
devait se battre avec lui : « Je vous donne ce millort.
Ne voyez-vous pas comme il chevauche à l'albanoise?
Il touche des genoulx quasi à l'arson [4]. »

Pour ce qui est de M. de Nemours et de son cheval
d'Espagne, il serait curieux de les retrouver dans un
autre passage des Mémoires de Vieilleville, dans lequel
le maréchal mentionne l'envoi que lui fit en 1552 M. de
Nemours d'un cheval pareil « des plus beaux et meilleurs qu'il estoit possible de veoir, et que M. de Sipierre,
premier escuyer du roy, avoit pris plaisir, en faveur de
ce prince, de dresser en toute perfection; lequel fut
estimé par les gens d'armes et autres gentilshommes qui
l'accompagnoient, pour sa beauté et disposition, et pour
la richesse de son harnoys et équippaige, à deux mille

écus[1]. » Malheureusement ce cadeau avait lieu au milieu du XVIe siècle, sous Henri II, à une époque où vraisemblablement Sully ne songeait pas encore à spéculer comme il le fit plus tard.

La réputation des chevaux d'Espagne, qui continua[2], et qui durait encore sous Louis XIV, remonte à une époque bien antérieure à l'invasion arabe. Philippe Mouskès, racontant l'expédition de Théodebert et de Clotaire de l'autre côté des Pyrénées, dit qu'ils en ramenèrent *murs et palefrois et cevaus*[3]; et le moine de Saint-Gall rapporte que Charlemagne envoya au roi de Perse des chevaux et des mulets d'Espagne[4]. On voit Guillaume le Conquérant combattre, à la bataille de Hastings, sur un excellent cheval, don d'un roi de ce pays[5]; et plus tard, le moine de Marmoutiers présente comme Espagnol le cheval incomparable qui fut amené à Geoffroi le Bel, comte d'Anjou, le jour où il fut armé chevalier[6]. Dans une charte de son fils Henry II, qui contient le tarif des droits de péage des Pont-de-Cé, on trouve un article relatif aux chevaux d'Espagne; ils y sont taxés douze deniers, tandis que les autres ne le sont que quatre, et les juments deux[7].

A partir de l'époque à laquelle se rapporte ce document, jusqu'au XVIe siècle, où nous avons commencé à parler des chevaux d'Espagne à propos de ceux de Gascogne, on rencontre à chaque pas des mentions de ceux-là[8], et dans certaines d'entre elles ils sont placés sur la même ligne que les autres[9]. Ces chevaux (je parle des premiers) étaient réputés les meilleurs de

2

tous, les plus *corans* et les plus beaux [1] ; ils se recommandaient aussi par leur haute taille, qui les rendait propres à servir, comme dextriers, à la guerre et dans les tournois [2]. On les tirait principalement de la Castille et de l'Aragon [3], où, à ce qu'il paraît, le cheval arabe avait été importé de bonne heure, et des marchands espagnols [4] les amenaient sur nos marchés. Toujours est-il que, dans notre ancienne langue, *aragon* et *arabi* étaient employés indistinctement l'un pour l'autre avec la signification de *cheval,* ou plutôt de *dextrier*, c'est-à-dire de *cheval de bataille,* et qu'il n'est pas rare de voir le même animal également désigné par ces deux mots [5].

Les chevaux d'Espagne portaient aussi, au moins dans nos romans, le nom d'*amoravis*, emprunté à celui d'une famille de princes musulmans d'Afrique, qui, après avoir fondé l'empire de Marok, passèrent, à la fin du XIe siècle, en Espagne, et dont nos anciens poètes, trouvères et troubadours, font un nom de peuple [6].

L'un d'eux parle de Génois armés de dards et montés sur des genets [7], et dans un ancien poème anglais, comme dans la relation de l'entrée du roi Henri II à Lyon, en 1548 [8], je trouve mention de genets d'Espagne [9]. C'étaient des chevaux d'une espèce particulière au midi de l'Europe [10], petits et bien conformés, fort à la mode au XVIe et au XVIIe siècles. On les employait non-seulement à la promenade, mais à la guerre [11], et on les exigeait de part et d'autre dans les duels en champ clos en 1547, date du dernier combat judiciaire en France [1].

Dans le récit que nous en fait M. le prince de la Moskowa, nous retrouvons le nom de *courtaut,* que nous avons déjà vu dans les Mémoires de Sully, et que l'on rencontre dans une foule d'autres lieux, entre autres dans le *Ragotin* de La Fontaine, acte Ier, sc. X. On appelait ainsi les chevaux et les chiens auxquels on avait coupé la queue. Horace n'a-t-il pas dit, dans l'une de ses satires :

..... Nunc mihi curto
Ire licet mulo [2]?

Dix ans après le combat mémorable de Guy de Chabot avec François de Vivonne, la perle des écuries du roi était un courtaut, dont le nom indiquait assez l'origine orientale [3].

Nous n'avons rien à dire de *coursier,* ce mot s'expliquant de lui-même, si ce n'est qu'il était déjà en usage au XIVe siècle [4]. Au XIIIe, les noms le plus généralement employés chez nous pour désigner les catégories de chevaux, étaient *palefroi, dextrier, roncin, sommier* [5], et ceux de race étaient appelés *chevaux de parage* [6]. Il n'est pas aussi facile de déterminer au juste la signification de *milsoldor, mialsodor, milsoudor, missaudor,* mot par lequel les troubadours et les trouvères désignent parfois les chevaux [7]. Selon D. Carpentier, il faut entendre par ce terme un coursier, un cheval de bataille, explication que contredit un passage du Roman d'Alexandre, où il est question d'un *missau-dor*, chargé d'étoffes de Nubie; dans le dictionnaire de Borel, qui cite Perceval, *missodor* est présenté comme semblant vouloir dire un athlète[1]. Il est beaucoup plus simple, à mon avis, de traduire ce mot, que je n'ai jamais trouvé employé qu'en parlant des chevaux, par l'adjectif *riche*, comme le fait Ménage pour *mille-sou-dier*, dont il omet de citer des exemples[2]; on y est autorisé en lisant *ceval rice* dans la Chronique rimée de Philippe Mouskès, t. Ier, p. 649.

J'ai encore trouvé, dans l'un de nos vieux poëmes, le mot *toenart* employé dans le sens de *cheval;* mais j'avoue que je suis hors d'état d'indiquer la racine de ce terme[3], que les lexicographes ont oublié, comme *bidouart*[4]. Ils donnent à *hacquet*, la signification de *petit cheval;* à *gailloffre*, celle de *rosse*, de *cheval de peu de prix*[5], et l'un d'eux demande si cet ancien mot ne viendrait pas de l'espagnol *gallofero*, gueux.

Il est moins difficile de retrouver l'origine de *traquenard*, terme par lequel Rabelais désigne l'un des chevaux de Gargantua[6]. On appelait ainsi un cheval du nom d'une espèce d'amble ou d'entrepas, qui a également servi à désigner une sorte de danse gaie autrefois en usage, et qui se dit encore (mais je ne saisis point par quelle association d'idées) d'une sorte de piége dont on se sert pour prendre les animaux nuisibles.

Les troubadours et les trouvères citent encore le dextrier, le cheval d'Allemagne et de Hongrie[7], que l'un d'entre eux met sur le même pied que le cheval d'Es-

pagne[1]. Le même parle aussi du dextrier de Russie[2].
Au XVIIe siècle, les chevaux qui nous venaient de ces
pays étaient coupés, d'où le nom *hongres,* par lequel
on désigne les chevaux ainsi mutilés[3], bien différents
de ceux que l'on voit dans la tapisserie de Bayeux
avec un sexe si positivement accusé[4]. Un écrivain du
XVIe siècle nous montre quatre chevaux hongres blancs
attelés au coche d'Élisabeth, fille de l'empereur Ferdi-
nand et femme de Charles IX, à Mézières, en 1570[5];
mais comme plus loin on trouve *Hongres* avec le sens
de *Hongrois*[6], dont le nom est encore aujourd'hui
prononcé *Hongrès* par certaines personnes, on peut
croire qu'il s'agit de chevaux venus de Hongrie.

Les troubadours se plaisent aussi à signaler les dextriers d'Orcanie[7]. A quel pays rapporter ce nom? Sans
doute aux Orcades, aux îles *Orkney,* comme on les appelle en anglais, contrée que l'un de ces rimeurs nomme
en même temps que la Grande-Bretagne, probablement
parce qu'elle en était voisine[8]; mais on ne trouve aucune mention des chevaux d'Irlande, si ce n'est dans les
chroniques de Monstrelet, qui les appelle de bons petits
chevaux de montagne, inférieurs toutefois aux chevaux
anglais, et dans le Roman de Perceforest, dont l'auteur
dit que de son temps il venait de la verte Erin de fort
bons chevaux de selle, communément appelés *haul-
bains,* « ayant l'aleure plus doulce que ceulx d'Angleterre, laquelle sorte de chevaulx, ajoute-t-il, souloit
(avait coutume) le temps passé venir d'Espaigne, d'ung
lieu appelé Asturie, et les appeloit-on au moyen de ce

asturcoy ou *asturcons* [1]. » On n'est pas d'accord sur le temps où la *très-élégante Histoire du roy Perceforest* fut écrite ; mais je soupçonne que ce fut vers le milieu du XVe siècle, époque à laquelle les habitants de Rouen purent voir, à l'entrée de Charles VII dans leur ville, maître Guillaume Jouvenel des Ursins, chancelier de France, monté sur une haquenée blanche, « devant lequel un homme de pied menoit un haubby d'Irlande, sellé d'une selle à dame, qui avoit une couverture de velours, couverte de fleurs de lys d'or, et sur icelle selle il y avoit un coffret bandé d'or... dedans lequel estoient les seaux du roy [2]. »

Un passage de Froissart, où il est question de l'arrivée de la duchesse de Berry dans la ville d'Avignon sur une très-belle et bonne haquenée blanche que le pape lui avait envoyée, donnerait à penser qu'au XIVe siècle cette sorte de monture était réservée aux dames. Quand messire Louis de Sancerre, maréchal de France, prit congé de la cour d'Orthès, en 1388, le comte de Foix lui fit donner « un très-beau coursier et un très-beau mulet, et un très-beau roncin, tous ensellés très-richement [3]. » Il est à croire que Gaston Phébus faisait ainsi la part du guerrier, de sa femme et de l'écuyer.

J'ai dit que l'on ne trouvait dans nos anciens poètes aucune mention des chevaux irlandais ; mais on rencontre fréquemment, dans les écrivains latins du moyen âge, un mot qui me paraît se rapporter aux chevaux de l'île de Man, dans la mer d'Irlande : c'est le terme *mannus* (fém. *manna*), qu'un lexicographe rattache à l'anglo-saxon *man* (bidet) [1], qu'un autre dérive de *manus* ou *mansuetus,* et dont il fait un synonyme de *palephre-dus* (palefroi) [2], tandis que le dernier éditeur d'Orderic Vital le traduit par *cheval de bataille* [3], autorisé sans doute par la suite du récit de la bataille de Brémule (août 1118), où *palefridus* a ce sens. Pour moi, ce qui me confirme encore davantage dans l'opinion que j'ai sur l'origine du mot *mannus,* c'est le blason de l'île de Man, qui se compose de trois jambes bottées et éperonnées, comme si on eût voulu indiquer que les habitants vivaient à cheval plus que de raison.

En voyant un trouvère amener des *Norois* « de Guenelande ou d'Orcanie [4], » on ne saurait douter que ce pays ne fût en même temps celui des chevaux *norrois* dont la réputation était proverbiale au XIII⁰ siècle [5] et qui paraissent si souvent dans nos anciens poëmes, sous le nom de *Norois,* dont Philippe Mouskès fait un nom géographique, et d'autres rimeurs un adjectif, synonyme de *fier,* de *brillant* [1], tandis que ce n'est en réalité que le nom de l'un des peuples des îles britanniques [2].

On est fondé à croire que bon nombre de ces chevaux étaient achetés par les Écossais, qui en avaient bien l'emploi, « car, dit Froissart, à l'année 1346, nul ne va à pied en Escosse [3]. » Toutefois, il est à remarquer qu'au XIVe siècle les chevaux n'étaient pas communs dans le nord de la Grande-Bretagne; je n'en veux pour témoin que le même écrivain que je viens de citer. Dans l'expédition de Jean de Vienne, en 1385, les chevaliers français, dont les chevaux avaient péri pendant le voyage, ayant remis à leur arrivée en Écosse à se pourvoir de montures, trouvèrent les chevaux si chers, qu'il leur fallait payer soixante ou cent florins ce qu'ils pensaient n'en valoir que dix; encore avaient-ils beaucoup de peine à s'en procurer [4].

Au milieu du XVIe siècle, les choses, à ce qu'il paraît, avaient changé, et les Français tiraient des chevaux d'Écosse. Une dépêche du Conseil d'Angleterre à l'ambassadeur Sir John Masone, nous informe que, sur les représentations de la France, l'autorité avait permis à nos compatriotes d'exporter des chevaux d'Écosse par la voie d'Angleterre, à la condition de les montrer, et de déclarer leur nombre aux officiers de la couronne sur les frontières [5].

Vers le même temps, nous voyons arriver en Écosse un cheval de Portugal à rouge queue, qui avait été

capturé, dans un navire portugais, avec des nègres
et une civette, et les comptes du lord grand trésorier
nous montrent, sous la date du 24 mars 1540, un cheval
allemand amené de Danemark par les ordres du père de
Marie Stuart [1] : c'était, selon toute apparence, un palefroi, comme ce pays en envoyait peut-être encore à la
foire de Bruges [2], ou une *poulache,* comme il en venait
chez nous au XVIᵉ siècle, animal « d'assez bon cœur, »
reconnaissable à son cou décharné, ses jambes bien fon-
dées, sa tête sèche, en un mot des meilleurs [3]; toutefois, en Écosse, on estimait surtout les chevaux d'O-
rient. Le chroniqueur Winton, parlant d'Alexandre Iᵉʳ,
vante son dextrier d'Arabie richement harnaché [4]; et
Mathieu Paris dit de l'armée d'Alexandre II, l'un de ses
successeurs, que les mille hommes d'armes qui la com-
posaient étaient très-bien montés, quoique leurs chevaux ne fussent ni espagnols ni italiens [5].

On n'en finirait pas si l'on voulait relever toutes
les dénominations données aux chevaux dans nos anciens poëmes; mais il faut que l'on sache bien que
loin d'être dues au hasard, elles ont toutes une raison
d'être autre que le caprice ou le besoin du rimeur.
Quand il cite les dextriers orléanais [6], le bai d'Alençon [7], le cheval d'Otrante [8], le brun de *Bonevent* [9], le
cheval de Benic ou de Lorie [10], le bai de Monsenie [11]
ou le cheval noir de Montonis, le dextrier de Frise [12], il
ne faut pas se récrier, mais chercher patiemment les
indications qui peuvent justifier ces dénominations. Par
exemple, en ce qui touche ce dernier, nous citerons les

deux chevaux de Frise, dont Gilbert Talbot, plus tard comte de Shrewsbury, offrait en 1578 trente-trois livres sterling [1], et nous rappellerons qu'en 758 les Saxons s'engagèrent à payer au roi Pépin un tribut de trois cents chevaux [2], preuve qu'à cette époque ce peuple s'adonnait à l'élève de ces animaux.

Les mentions de chevaux d'Otrante et de Bénévent dans des poëmes du XIIIe siècle, sont pour nous une nouvelle preuve de l'estime que l'on faisait déjà, dans notre pays, des chevaux italiens, qui n'y furent jamais plus recherchés qu'à la fin du XVe siècle. Philippe de Commines rapportant que Louis XI avait en Espagne « toutes paroles d'amitié et d'entretenement et présens partout de tous costez, » ajoute : « Il faisait acheter un bon cheval, quoy qu'il coustast, et une bonnne mule ; mais c'estoit en païs où il vouloit qu'on le cuidast sain ; car ce n'estoit point en ce royaume. » Plus loin, le même historien nous apprend que son maître « en Cecile envoyoit querir quelque mule, et spécialement à quelque officier du païs, et la payoit au double ; à Naples des chevaux, et bestes estranges de tous costez [3], » etc.

André de la Vigne raconte les courses d'une fille dans cette ville sur un grand coursier de Pouille l'an 1494 [4], et nous savons qu'à la bataille de Fornoue, en 1495, Charles VIII était monté sur un cheval d'Italie, « le plus beau que j'aye veu de mon temps, appelé *Savoye*, » dit Philippe de Commines. « Plusieurs, ajoute-t-il, disoit qu'il estoit cheval de Bresse [5]. Le duc Charles de Savoye le lui avoit donné ; et estoit noir, et n'avoit qu'un œil; et estoit moyen cheval, de bonne grandeur pour celui qui estoit monté dessus [1]. » A ces détails donnés avec tant de complaisance, l'historien n'en ajoute aucuns sur les qualités morales de ce bel animal; plus tard, un autre écrivain nous dira que « les chevaux de Naples doivent quelquesfois estre resveillez et regaillardis par l'esperon et par le secours et chastiment de la parole [2]. »

Je ne dirai rien des dextriers orléanais, si ce n'est qu'Henri IV avait à Meun un haras dont il n'était peut-être pas le fondateur. Pour ce qui est du cheval d'Alençon, les belles recherches de M. Léopold Delisle sur la condition de la classe agricole et l'état de l'agriculture en Normandie au moyen âge, nous apprennent que de bonne heure les seigneurs de ce pays ne laissèrent pas à des étrangers le soin de leur procurer des chevaux, et qu'ils se créèrent des haras particuliers.

Il devait en être de même en Bretagne, s'il faut en croire Guillaume de Poitiers, qui assure, dans la vie de Guillaume le Conquérant, que la nombreuse population de ce duché s'appliquait beaucoup aux armes et au maniement des chevaux [3]. Toujours est-il que les palefrois de Bretagne étaient renommés, comme on le voit dans deux passages, dont l'un semble se rapporter à un animal fantastique [4], plutôt qu'à un cheval de robe bigarrée, comme les aimaient nos ancêtres [5]. Les roncins bretons étaient surtout en estime au XIIIe siècle [6]. Néanmoins dans une ballade bretonne contemporaine, on voit Satan sur une haquenée anglaise, pareille à celle du défunt seigneur Pierre d'Izet [7].

Je ne vois pas mentionnés dans nos anciennes chansons de geste, les chevaux limousins, qui étaient renommés dès les premiers temps du moyen âge. L'évêque de Limoges Ruricius en envoyait un à Sedatus, évêque de Nîmes, comme on le voit par une des lettres du premier, publiée dans la collection qu'en a donnée Jacques Basnage dans son *Thesaurus* [1].

Je n'ai pas trouvé davantage, dans nos anciens poètes, des traces de ces coursiers d'Arles encore si estimés aux derniers temps de la domination romaine dans les Gaules. A cette époque, Symmaque demandant des chevaux à un ami pour remplacer des attelages d'Espagne, destinés à figurer aux jeux qu'il devait donner en l'honneur de la préture de son fils, lui recommandait d'acheter ceux qui, dans la ville d'Arles, se seraient fait remarquer par leur rapidité ou leur race [2]. Mais peut-être les coursiers provençaux figuraient-ils dans l'arsenal poétique de nos pères sous le nom des chevaux gascons, si renommés au XIIIᵉ siècle.

Dans une chanson de geste antérieure à cette époque, les dextriers de Brie sont cités en même temps que ceux de Gascogne [3]. Faut-il croire que la patrie des Thibauts, si renommée pour ses fromages, le fût aussi par les chevaux qu'elle produisait? Je me sens plutôt disposé à penser que le trouvère a voulu parler de ceux que l'on y vendait pendant ces foires célèbres de Champagne et de Brie qui rivalisaient sous ce rapport avec celles d'Espagne [4]. En 1281, Philippe III, roi de France, écrivait à Edward Iᵉʳ, roi d'Angleterre, pour le prier de trouver

bon qu'en conséquence de sa nouvelle ordonnance pour
défendre d'exporter armes ou chevaux, il ne permît pas
la sortie de quatre-vingts dextriers qu'Edward avait fait
acheter en France[1]. Plus tard, une correspondance fut
échangée entre la commune de Londres et les gardiens
des foires de Champagne et de Brie pour le roi de France,
relativement à une somme considérable que Bourgeois
Faubert, citoyen de Florence et marchand de chevaux,
devait à quelques marchands de Bar-sur-Aube[2] : il est
probable que l'origine de cette créance remonte à l'achat
des quatre-vingts dextriers. Ce qui ne saurait être mis
en doute, c'est que les marchands de chevaux qui fré-
quentaient ces foires venaient surtout d'Italie, sans exclusion des Allemands, Provençaux et autres. Une ordonnance rendue par Philippe de Valois en 1331, porte
que « toutes manieres de marcheans de chevaus yta-
liens et oultremontains ameneront leurs chevaus ès
foires [de Champagne], et y tendront leurs estalles,
sans avoir résidence ailleurs[3]. » Dans une autre de 1344,
le même prince enjoint que « Tuit marchaanz de chevaux, ytalien, aleman, provençal, ou autres, dehors
nostre royaume, tenront estables de leurs chevaus esdic-
tes foires dès les trois jours de draps[4], » etc. Enfin, en
1366, Charles V déterminant à quelle redevance seront
soumis les objets apportés et vendus par des marchands
italiens, énumère les chevaux[5].

L'achat de quatre-vingts dextriers aux foires de Champagne pour le compte d'un roi d'Angleterre, joint aux
passages de *Horn et Rimenhild,* auquel nous renvoyions

tout à l'heure, et à d'autres [1], aussi bien que l'absence de toute indication relative aux chevaux de ce pays, semblent annoncer qu'il n'était pas encore renommé sous ce rapport, et qu'il recevait bon nombre de chevaux du Levant et d'ailleurs. S'il faut en croire Giraud le Cambrien, ce fut sous le règne d'Étienne que le comte de Shrewsbury, Robert de Belème, améliora le premier la race chevaline en Angleterre, en y important des sujets espagnols, dont il peupla son haras de Powis [2]; mais une pareille importation fut bien longue à porter des fruits sensibles, et le commerce des chevaux levantins continua longtemps encore avec nos voisins. Dans une histoire écrite de l'autre côté de la Manche, au plus tard sous Henry III, un faux marchand amené devant Jean sans Terre par le maire de Londres, répond au roi qui lui adresse des questions, qu'il est de Grèce, qu'il a visité Babylone, Alexandrie et les Grandes Indes, et qu'il a un navire chargé de chevaux parmi d'autres richesses.

A l'époque où cette scène avait lieu, l'Angleterre recevait des chevaux de l'étranger au lieu de lui en fournir. Il devait en être ainsi bien plus encore sous les rois saxons, à en juger par une disposition du code d'Athelstan, qui défend l'exportation, par le commerce, de ces animaux [3], disposition renouvelée depuis dans le même pays [4], et que l'on retrouve dans les autres contrées de l'Europe pendant le moyen âge [5]. J'ignore à quelle époque les marchands commencèrent à aller chercher des chevaux de l'autre côté de la Manche; mais j'ai lu que le marquis d'Epinay ayant vaincu lord Dudley, exigea pour rançon quatre guilledines d'Angleterre, et lui donna son cheval d'Espagne ; l'Anglais, pour ne pas être en reste avec lui, ajoutant deux guilledines aux quatre et six dogues, « ordonna qu'en extrême diligence l'on cherchast par toutes les races et haraz de guilledines d'Angleterre, pour les choisir, à quelque prix qu'elles se pussent monter, pour en acquitter promptement son fils et les renvoyer en France [1]. » Je sais encore que Marie Stuart « ayant recouvert une couple de beaux et rares guilledins » pour son cousin M. de Guise, annonce l'envoi de l'un d'eux à M. de Mauvissière [2], et que Louis XIV, qui avait des chevaux de Perse [3], faisait acheter de ces animaux à Londres [4].

J'ai lu encore que les chevaux anglais parurent en France pour la première fois en 1607, et que ce fut un nommé Quinterot ou Quitterot qui les y amena : « Ce qui a depuis esté cause, dit Bassompierre, que l'on s'est servy de chevaux anglois, tant pour la chasse que pour aller par pays, ce qui ne s'usoit point auparavant [5]. » Comme, dans ce temps, on jouait un jeu énorme, et qu'il fallut imaginer, pour le jeu, de nouvelles marques, ces marques, ajoute l'auteur, « dont les moindres estoient de cinquante pistoles, se nommoient *quinterotes*, à cause qu'elles alloient bien viste, à l'imitation de ces chevaux d'Angleterre [6]. » Bassompiere, qui parle des siens en plus d'un endroit [7], fait mention, sous l'année 1621, du haras du roi d'Espagne, d'où ce prince avait tiré un fort beau cheval pour le lui donner [8].

Le cheval anglais était-il alors ce que nous le voyons [1] ?
Je laisse à de plus savants que moi le soin de répondre
à cette question, et me borne à constater qu'au siècle
précédent et sans doute pendant tout le moyen âge, la
législature et les éleveurs anglais avaient en vue de produire de grands, de forts chevaux. Dans son livre sur
les statuts de la Grande-Bretagne, Barrington conjec-
ture que les lois relatives aux chevaux, rendues dans
ce pays au XVIᵉ siècle, ont pu être inspirées par les
tournois et les autres fêtes d'apparat en vogue dans la
première partie du règne de Henry VII [2]. Il est certain
que la force des chevaux devait contribuer à rendre les
tournois moins dangereux pour les combattants, et augmenter l'effet général du spectacle.

On trouve des indications sur la valeur des chevaux
chez nos voisins, vers la fin du règne d'Edward Iᵉʳ, dans
les registres de Guild Hall [3], dans les rôles du Parlement [4] et dans le *Liber quotidianus contrarotulatoris
garderobæ* de la vingt-huitième année de ce prince, en
une multitude d'endroits, mais plus particulièrement
p. 77 et suivantes. Leur prix paraît avoir varié d'une
à dix livres sterling, et leurs robes, aussi bien que
l'emploi auquel ils étaient destinés, sont minutieuse-
ment indiqués. Les *chivalx de charretz* de Henry V furent vendus pour la somme de quatre-vingt-quinze livres quatorze shillings dix deniers [5]. Ailleurs, nous
trouvons que dans une occasion des chevaux furent
payés trente-sept livres, dans une autre cinquante, et
qu'à différentes époques il fut donné pour un cheval six

livres dix shillings, trois livres six shillings huit deniers, et six livres treize shillings quatre deniers. En 1547, deux des chevaux qui avaient amené de Bâle Bernardino Occhino et Pierre Martyr, furent vendus à Smithfield quatre livres treize shillings [1].

Mais revenons dans notre pays, et tâchons de démêler quel pouvait y être le prix des chevaux à partir du XIe siècle.

Une des choses que le Grand d'Aussy avoue avoir le plus de peine à comprendre, c'est le prix de cette sorte de marchandise, parce qu'il n'a, dit-il, nulle proportion avec tout le reste des denrées. En 1202, date du compte général des revenus du roi, publié par Brussel, le prix d'un roncin ou d'un sommier variait de quarante à cent sous, et celui d'un cheval de selle pouvait monter jusqu'à quarante livres [2]. On voit aussi dans le fabliau *des deux Chevaux* qu'un bon cheval coûtait cent sous; dans celui *du Curé et des deux Ribauds,* le cheval du curé, qui a été donné comme tel, est évalué ce prix, et l'on peut assurer hardiment, comme le fait remarquer l'écrivain que nous citions tout à l'heure, que les deux filous, de peur de se tromper, estimaient l'animal au-dessous de sa juste valeur [3]. Sous Louis IX, dont la femme reçut en une circonstance un cheval du roi de Navarre [4], ces prix continuèrent à monter [5], et, palefrois ou dextriers, les chevaux étaient-ils d'une certaine beauté, rien n'était plus cher. Un des chevaliers qui avaient suivi le saint roi dans sa première expédition d'outre-mer, ayant été surpris avec une fille publique auprès de la tente royale et chassé, le sire de Joinville vint demander son cheval pour quelqu'un de sa troupe qui était démonté; mais il lui fut refusé, parce qu'il valait bien, dit l'historien, quatre-vingts livres[1].

Quand Louis IX rentra en France, il s'arrêta quelque temps à Hières pour se procurer des chevaux et les emmener avec lui : là, l'abbé de Cluny lui en présenta deux, l'un pour lui, l'autre pour la reine, et le même historien ne les estime pas moins de cinq cents livres chacun[2], c'est-à-dire près de dix mille francs de notre monnaie. Ainsi qu'on l'a fait remarquer avant nous[3], si ce dernier prix est énorme, même relativement à nos jours, qu'était-ce donc pour un temps où, comme on le voit dans une note du fabliau d'*Aucassin*, un bœuf de charrue valait vingt sous, et où, comme l'indique une autre note de la *Robe écarlate*[4], demi-arpent de vigne à la porte de Paris soixante? « Je n'ai pu deviner, ajoute le Grand d'Aussy, la raison d'une disproportion pareille, et je la laisse trouver à ceux qui sont plus instruits que moi. »

De nos jours, la question qui semblait insoluble au spirituel académicien, a été reprise par un autre, bien fait pour recueillir un pareil legs. Voyons comment il l'a résolue.

Si l'on compare les prix donnés par le cartulaire de Saint-Père de Chartres avec ceux que contient le compte général des revenus de Philippe-Auguste, on reconnaîtra que le prix des chevaux était le même pendant le XIe et le XIIe siècle qu'au commencement du XIIIe. Ainsi, dans les chartes publiées par M. Guérard, un palefroi, qui sans doute se serait vendu plus cher, est mis en gage pour vingt sous, en 1107; un cheval sans désignation d'espèce, est estimé quarante sous, d'abord entre les années 1079 et 1102, ensuite vers l'an 1100; trois livres entre les années 1033 et 1091; six marcs (ou trois livres) d'argent, entre 1079 et 1061. Un cheval de promenade, ou plutôt un cheval qui va l'amble, est dit valoir trois livres, entre les années 1101 et 1116, et cent sous en 1098. Enfin, six livres sont marquées pour le prix d'un cheval, en 1077.

Dans le compte de 1202, deux roncins sont évalués chacun trente sous; un, quarante sous; deux, cinquante, et deux, soixante; le roncin d'un arbalétrier, soixante sous; un sommier, quarante sous; et trois chevaux, six livres chacun. Il est vrai que d'autres sont portés à sept livres dix sous, à dix, quinze, vingt, vingt-cinq, vingt-sept livres, à trente-quatre livres, à trente-cinq livres neuf sous, et jusqu'à quarante livres; mais il faut faire attention que ces chevaux étaient possédés ou donnés par le roi, et qu'ils doivent être considérés comme des chevaux de luxe ou de haut prix. « Pour un cheval qu'eut le roi notre seigneur, » est-il dit dans un endroit. Or, de ce qu'un cheval acheté par le roi coûtait dix livres, ce prix, et, à plus forte raison, les prix supérieurs, était nécessairement celui des chevaux chers, et, selon toute apparence, des chevaux d'Orient ou d'Espagne. Quant aux autres, ils sont à peu près évalués comme dans le cartulaire de Saint-Père de Chartres; et encore ne faut-il pas oublier qu'étant achetés pour le compte du roi, il est vraisemblable qu'ils n'ont pas été payés le meilleur marché possible.

Il résulte des exemples précédents, que les prix sous Louis VI et Louis VII étaient encore à peu près les mêmes sous Philippe-Auguste; nous pourrons prendre aussi, pour calculer la valeur extrinsèque des monnaies pendant le XIIe siècle, les prix régnant au commencement du XIIIe. Or, les chevaux de toutes qualités qui, à l'exclusion des chevaux de luxe, valaient de trente sous à six livres pendant le XIe et le XIIe siècle et au commencement du XIIIe, coûtent aujourd'hui de cent cinquante à six cents francs: donc, on peut en quelque sorte conclure que trente sous d'alors valaient probablement autant que cent cinquante francs de nos jours, au moins quand il s'agissait du prix des chevaux: ce qui porterait la livre à cent francs [1].

Le prix de plus en plus élevé des chevaux ayant alarmé l'autorité, le fils de Louis IX, Philippe le Hardi, rendit une ordonnance pour le fixer. Après avoir réglé celui que chacun, clerc ou laïque, ne devait pas dépasser pour un palefroi ou un cheval soit de charge, soit trottant[2], il limite à trente le nombre de chevaux de guerre que les marchands seuls ou en société pouvaient exposer en vente aux foires. Toute infraction à ces dispositions était punie, quel que fût le coupable, de forfaiture et de confiscation, et le sixième de l'amende était alloué au dénonciateur.

Cette ordonnance fut-elle observée? Sans doute; seulement, elle le fut comme tous les règlements somptuaires, c'est-à-dire que l'on commença par s'y conformer, et que bientôt après on en fit litière. Il est certain que dans une chanson de geste qui appartient au XIVe siècle, il est fait mention d'un bel et bon cheval,

> Que ses sires avoit, droit à l'Ascention,
> Aquaté .c. florins bien près de Besenchon[1] ;

mais rien qu'à cette manière de dire *acheté*, on voit que nous sommes dans le nord de la France, et nous savons que *li Romans de Bauduin de Sebourc* fut composé en Flandres, qui, ainsi que Besançon, appartenait àlors aux ducs de Bourgogne.

A quelque temps de là, nous trouvons une pièce qui nous donne de précieuses lumières sur le prix et le signalement des chevaux au commencement du XIVe siècle. Je veux parler de l'inventaire des biens meubles du roi Louis Hutin, dressé en 1317. J'en extrais la partie relative à mon sujet :

Item l'inventaire des chevaux qui existent aux Quarrières.

PREMIÈREMENT.

Un cheval gris, que l'evesque d'Amiens rendi.

Item un somier liart moucheté, que monseigneur Thibaut rendi.

Item un cheval brun bai, qui fu du chariot dés armeures.

Item un cheval noir, que Jean le Veneur rendi.

Item un cheval gris poimelé, qui fut de l'achapt Toteguy.

Il est à croire que ce Toteguy était un marchand espagnol originaire de Biscaye, ou plutôt de Navarre.

Item un somier noir, qui fu de l'eschançonerie.

Item un cheval ferrant, que Messire Guillaume de Harcourt rendi.

Item un palefroy blanc, que Messire de Villepereur rendi.

Item un cheval baucent, qui vint du gouverneur de Navarre.

Tous ces chevaux rendus ont l'air d'avoir été des chevaux de service [1] ; quant au dernier, il n'est pas le seul que nos rois eussent reçu de la Navarre, alors réunie à la France par le mariage de Juana, fille de Henri le Large, avec Philippe le Bel. Dans les comptes de Navarre pour 1283 et 1284, on voit portés quatre livres six sous huit deniers pour un cheval et un palefroi envoyés au roi Philippe le Hardi de la part du gouverneur, pour des souquenilles à l'usage des palefreniers, des freins et autres choses nécessaires ; cinq sous seulement pour frais d'un grand cheval envoyé au roi par le gouverneur, mais qui, étant tombé malade à Saint-Jean-Pied-de-Port, fut ramené en Navarre ; enfin, une autre somme pour les dépenses de maître Raoul, qui avait conduit deux chevaux en France [2].

D'autres articles des mêmes comptes nous apprennent le prix des chevaux et des juments, en Navarre, à l'époque. Un roncin mort en portant du foin est évalué quarante-cinq sous ; d'autres roncins, vingt, vingt-une et vingt-cinq livres, tandis qu'un cinquième n'est porté que pour vingt-cinq sous. Un cheval est estimé trente livres dix-sept sous, et deux juments quinze livres. Ces comptes étant destinés à être contrôlés à Paris, tout porte à croire que par *livre* il faut entendre la livre

tournois, qui, en 1283 et 1284, valait dix-sept francs
quatre-vingt-dix-sept centimes de notre monnaie [1].

Reprenons notre inventaire :

Item un cheval brun-fauve, merchié en la cuisse senestre.
Item un cheval noir, le pié destre d'arrière blanc.
Item un cheval gris, à *(avec)* une estoile au front.
Item un palefroy blanc, à une crois en l'espaule senestre.
Item un palefroy ferrant pomelé, mercié en la cuisse senestre.

Voici la seconde fois qu'il est question d'un cheval
marqué à la cuisse gauche. Cette marque devait être
celle du marchand qui avait vendu l'animal, ou celle du
pays ou du haras d'où il sortait. Par exemple, les chevaux venus de Florence portaient une fleur de lis imprimée sur la cuisse avec un fer chaud [2].

Item un cheval ferrant, qui fut sommier (c'est-à-dire *cheval
de charge*.)
Item un grand cheval noir, à une estoile au front.
Item un cheval noir, les deux piez d'arrière blancs.
Item un cheval blanc pomelé, qui fut Michelet de Navarre.
Item un cheval noir, cnit des quatre jambes.
Item un cheval ferrant astelé *(étoilé)*.
Item un grand cheval noir, le piez senestre d'arrière blanc.
Item un cheval noir mal taint, baucent de la teste.
Item un cheval ferrant, que le sire de Chambli ot en l'ost
(eut à l'armée).
Item un cheval bai, les deux piez d'arrière blans.
Item un cheval noir, que messire Hugues d'Augeron ot en l'ost.
Item un cheval noir, les deux piez d'arrière blans, qui vient
de Troyes, d'un Lombart.

Ce cheval avait été acheté d'un Italien à l'une des
foires de Champagne.

Item un cheval bai baucent de la teste, à une grosse jambe d'arrière.

Item un cheval ferrant pomelé du corps le roy (c'est-à-dire *à l'usage personnel du roi*).

Item un palefroy cler bay, les deux piez d'arrière blans.

Item un palefroy gris, merchié en la cuisse senestre.

Item un palefroy brun-bay; et acheta ces trois palefrois Guillaume Clamart à Chastiau-Thierry.

Item un palefroy noir, merchié en la cuisse senestre, et vient de Chastiau-Thierry.

Item un cheval ferrant pomelé, cuit des quatre jambes, que Messire Guillaume l'aumosnier rendi.

Item un sommier bay baucent, qui fu de l'aumosne.

Item cinq chevaus de charette.

Somme : quarante-huit chevaus, car on rendi huit puis *(depuis)* ce premier inventaire.

La despence et délivrance *(le prix de vente et la livraison)* desdits chevaus est ceste *(celle-ci)* :

Monseigneur de la Marche en ot deux, prisiés quatre cens livres parisis.

Item Monseigneur de Saint-Pol un de cent-soixante livres parisis, poiez à Gilles Clamart, si comme il donna à entendre.

Ce Gilles Clamart fut premier écuyer du corps et maître de l'écurie du roi après la mort de Jean Bataille, le 9 mars 1325, époque avant laquelle le P. Anselme ne sait rien sur notre personnage[1].

Item le connestable deux de trois cent vingt livres parisis; si en devoit poier à Montenglant cent soixante livres parisis.

Item Monsieur de Chastillon le jeune un de cent quarante livres tournois valent à parisis cent douze livres.

Item vingt-deux chevaus amenez à Paris, vendus par Raoulet cent soixante-quatre livres dix sous parisis.

Item pour douze chevaus qui estoient aux Quarrières, achetez de Guillaume Pizdoe, trois cent quatre-vingt six livres cinq sous tournois, valent à parisis deux cent quatre-vingt deux parisis.

Ce Guillaume Pisdoe le jeune était premier écuyer du corps et maître de l'écurie de Philippe le Long. Plus tard, on le retrouve administrateur et gardien des biens du Temple[1].

Item deux chevaus vendus à Jencien de Pacy quatre-vingt-huit livres cinq sols tournois, valent à parisis soixante-et-dix livres douze sols.

Les Gentien étaient une ancienne famille de Paris connue par plusieurs monuments. Deux de ses membres, Pierre Gentien, peut-être le même dont il nous reste des poésies[2], et Jacques Gentien, honorablement nommés, en 1304, dans la *Branche aux royaux lignages* de Guillaume Guiart[3], remplirent successivement l'office de maître de l'écurie du roi, de 1295 à 1299[4], époque à laquelle il y avait déjà à Paris une ruelle Gentien[5].

Item uns chevaus vendus à Perret le Bourguignon et à Guyart de Pontoise, soixante livres parisis.
Item à Gaudefroy de Sejour deux chevaus, à trente-quatre livres cinq sols tournois, valent à parisis vingt-sept livres huit sols, et furent bailliez à Gille Clamart. Somme toute, au pris de l'argent : douze cents livres dix sols parisis.

Ce sont ses receptes pour l'occasion du testament du roy Loys de bonne mémoire, par Gentien de Pacy.

De Guillaume de Conques cinq mille livres tournois.

Item pour les chevaus que Raoulet le courtier a vendus, cent vingt-deux livres dix-sept sols deux deniers parisis, valent à tournois cent cinquante-trois livres onze sols cinq deniers.

Comme on le voit, il y avait des courtiers de chevaux. Ils existaient déjà au siècle précédent, et M. Depping a publié le règlement qui les régissait[1]. Dans l'origine, à ce qu'il paraît, ils n'étaient à Paris que deux, et leurs fonctions consistaient à procurer des chevaux pour le halage des bateaux de la Seine[2]. A la fin du XVI° siècle, leur nombre s'était considérablement accru, s'il est vrai qu'en 1587 les ligueurs envoyèrent à Étampes dix ou douze courtiers de chevaux[3].

Item pour un palefroy vendu à Monseigneur Gauchier de Chastillon cent quarante livres, desquiels cent quarante livres on li rabat quatre-vingt-dix livres que on li devoit, et ledit Gentien reçut le remanent *(le reste)*, et sont cinquante livres tournois.

Item de Jehan des Feulloy huit livres quinze sols tournois, pour unes plate *(une armure de cheval)* que il achata des exécuteurs.

Item cinquante livres tournois pour deux coutiaus *(c'est-à-dire sans doute courtaus)*.

Item de Guillaume Pizdoe pour quatorze chevaus qu'il a eus, quatre cent quatre-vingt-six livres cinq sols.

Item un de Pierre des Essarts trois cent quatre-vingt-quatorze livres cinq sols sept deniers obole tournois, pour l'aisselement[4] qu'il a eu de Monseigneur Hugue d'Augron.

Nous arrivons maintenant à des chevaux plus communs, et nous nous rapprochons ainsi du prix marqué par M. Leber, qui, dans l'un de ses tableaux des denrées de première nécessité, évalue, en 1327, un cheval à douze livres dix-huit sous, représentant sept cent neuf francs cinquante centimes de notre monnaie [1].

Item pour quatre chevaus vendus à Perret le Bourguignon et à Guyart de Pontoise quatre-vingts livres tournois.

Item pour deux chevaus que ledit Jensien a eus, dix-huit livres quinze sols tournois.

Des successeurs immédiats de Louis Hutin, nous ne savons rien pour le sujet qui nous occupe. Au XVᵉ siècle, Charles VII, à l'exemple de son père et de sa mère, avait le goût des chevaux nombreux et de prix : c'est ce que l'on voit en étudiant les registres des comptes appartenant au règne ou à la période de Charles VI. Il y avait, dans les écuries royales, des chevaux qui se payaient quarante livres tournois et même au-dessous; mais le roi, la reine, et spécialement le Dauphin Charles, y mettaient quelquefois des prix bien plus élevés. En 1420, Guillaume Bataille, conseiller du régent, cède à ce prince « ung cheval bay brun, pié blanc derrière et marqué en la cuisse destre, au prix de quinze cents livres tournois [2]. »

Acquis de cette manière ou de toute autre, les chevaux du Dauphin ne restaient pas longtemps, à ce qu'il paraît, dans ses écuries royales; un grand nombre était donné à des familiers et serviteurs [3]. Interrogée si, quand elle fut prise, elle montait un cheval ordinaire, un coursier [4] ou une haquenée, la Pucelle d'Orléans répondit qu'elle était à cheval sur un demi coursier. Il lui fut alors demandé qui le lui avait donné; elle répondit qu'elle le tenait du roi, et que de la cassette royale elle avait cinq coursiers, sans ses *trottiers,* au nombre de sept [1]. Dans une autre circonstance, Jeanne Darc demandait le cheval du feu Dauphin, qui l'avait reçu en don de Pierre de Beauvau, gouverneur d'Anjou et du Maine, sénéchal d'Anjou et de Provence. Quel était ce Dauphin, frère de Charles VII? On peut hésiter entre Louis, mort en 1416, ou Jean, mort en 1417; mais, même en ne s'arrêtant qu'au dernier, le cheval donné par l'un des plus grands personnages de la cour du roi de Sicile, cheval italien sans doute, devait, en 1429, être bien vieux [2].

Au milieu du XVe siècle, le prix des chevaux de parage, c'est-à-dire de race, monta en France beaucoup plus haut qu'on ne l'avait jamais vu : « Et ne parloit-on, dit Olivier de la Marche, de vendre un cheval de nom que de cinq cens, de mille ou douze cens réaux; et la cause de celle cherté fut que l'on parloit de faire ordonnance sur les gens d'armes de France, et de les départir sous chefs et par compaignies, et de les choisir et eslire par nom et seurnom. Et sembloit bien à chascun gentilhomme que, s'il se monstroit sur un bon cheval, il en seroit mieux congneu, queru et recueilly [3], » etc. Autrement, en 1427, un cheval ordinaire coûtait six livres huit sous, c'est-à-dire deux cent cinquante-six francs·de notre monnaie; et en 1440, huit livres cinq sous, qui font trois cent quarante-six francs quatre-vingts centimes d'aujourd'hui. En 1451, un bon cheval pour un archer de la garde écossaise du corps du roi, coûtait de cent quatre-vingt-quatorze livres dix sous à deux cent vingt livres ; et l'on avait un cheval ordinaire pour le même usage depuis treize livres quinze sous [1]. En 1583, ce prix pouvait s'élever jusqu'à la somme de quarante-cinq livres, c'est-à-dire de six cent soixante francs [2], ce que l'on demanderait aujourd'hui pour une bête commune.

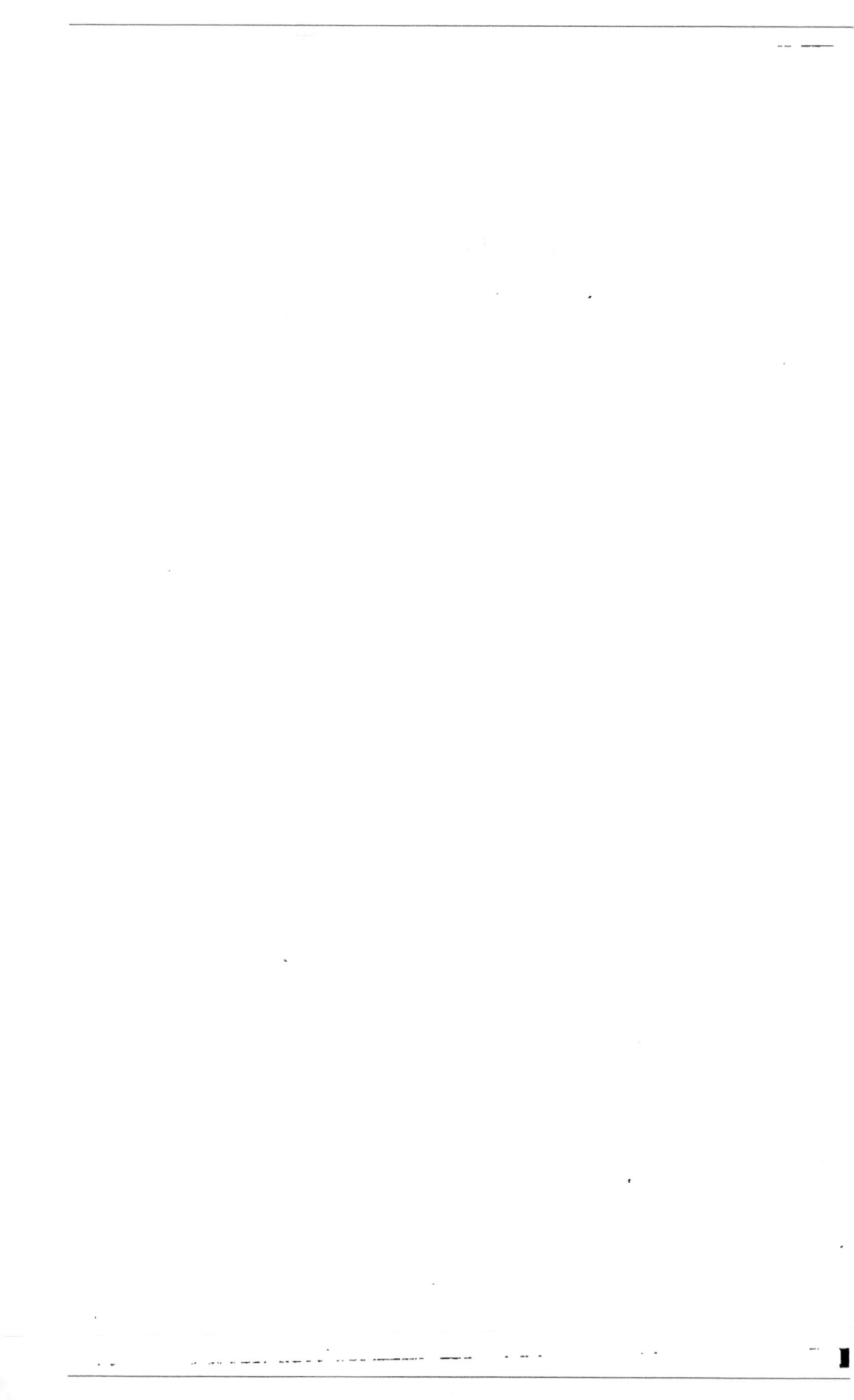

CHAPITRE II.

De tous les chevaux portés sur l'inventaire que l'on vient de lire, ceux dont on estimait le plus la robe étaient, à ce qu'il paraît, au moins à la fin du XVe siècle, d'abord le blanc [1], puis le liart pommé et le bai clair et obscur ; un passage d'un curieux poème relatif à l'art militaire écrit à la fin du moyen âge, ne laisse aucun doute à cet égard : « Entre les couleurs, dit l'auteur, Cornazano, le liart pommé obtient la palme, et le bai clair et sombre ; le soldat s'y trompe rarement. Il y a encore de bons coursiers d'autre robe ; mais cela est la généralité qui jamais ne manque, que celui qui dépense ainsi son argent l'a bien placé [2]. » Au XIIIe siècle, les trouvères mentionnent surtout les dextriers moreaux, fauves, *sors* [3], *baucens, ferrans,* pommelés, *vairs,* gris, liarts et tirants [4] ; à la fin du XVIe siècle, un annaliste signale un cheval isabelle, blanc et bleu, donné au maréchal de Biron en 1598, par l'archiduc d'Autriche, à Bruxelles. Il me semble entendre un *medahh*, trouvère errant de l'Afrique du nord, chanter en s'accompagnant d'un tambourin :

> Mon cheval est le seigneur des chevaux :
> Il est bleu comme le pigeon sous l'ombre,
> Et ses crins noirs sont ondoyants[1], etc.

Ou bien encore :

Avez-vous entendu parler de la tribu de mes frères ?
Non ; eh bien, venez avec moi compter ses nombreux chevaux ;
Il est des couleurs qui vous plairont.
Voyez ces chevaux blancs comme la neige qui tombe en sa saison ;
Ces chevaux noirs comme l'esclave ravi dans le Soudan ;
Ces chevaux verts comme le roseau qui croît au bord des fleuves ;
Ces chevaux rouges comme le sang, premier jet d'une blessure,
Et ces chevaux bleus comme le pigeon quand il vole sous les cieux[2], etc.

Au commencement du XVIIe siècle, un écrivain, énumérant les diverses robes de chevaux, signalait celles qui, de son temps et vraisemblablement du siècle précédent, obtenaient la préférence. « De tous poils, disait-il, il y a d'excellens chevaux ; pourtant le bay obscur, c'est-à-dire couleur de chastaigne, le grison pommelé, le gris obscur tirant sur le noir, le gris nommé teste de more (c'est-à-dire qui a la teste plus noire que le corps), l'alezan obscur, c'est-à-dire tanné, jaunastre tirant au brun, sont de plus gentille nature et emportent le prix. Les autres couleurs sont, incarnat,

couleur d'or, poil de vache, gris cendré, poil de cerf,
roüan, mouscheté, noir brun, desteint, tacheté, fauve,
meslé, tacheté comme d'escume, poil de loup, couleur
mal tenante, lavé [1]. »

La suite nous montrera que les superstitions orien-
tales relatives aux chevaux avaient également trouvé
crédit chez nous : « Le cheval balzan (c'est-à-dire à pied
blanc) doit avoir ses balsanes (c'est-à-dire taches blan-
ches) qui ne soient pareilles, ny ne montent à mesme
hauteur ; et si ne doivent estre trop hautes en la jambe,
ny trop descendre aux jointes du pasturon. Le balsan
de la main de la bride (c'est-à-dire pied gauche devant)
n'est en crédit ; mais du pied droit qui se nomme arzel,
sera superbe, et ne fait bon estre dessus, en un affaire :
le balsan du pied de l'estrier (c'est-à-dire pied gauche
derrière) est de bon cœur, et bon coureur. Le balsan
des deux mains est malencontreux, et pour avoir un
pied blanc, cela ne rhabille pas sa mauvaise qualité,
car de raison un bon cheval doit avoir plus de blanc
derrière que devant [2]. » Dans le Sahara algérien, où l'on
croit que deux balzanes postérieures sont un indice de
bonheur, on ne dit pas autre chose :

Mhadjel etoualy
Ma yebkache moulah khraly.

« Le balzané des derniers,
» Son maître ne sera jamais ruiné [3]. »

« Le balzan des deux pieds est bien marqué ; et s'il a
l'estoille au front, ou la liste, et raye blanche qui descend

par la face ou chanfrain, qui n'arrive au museau, ny touche les sourcils, il est excellent. Le balsan des pieds et des mains est cheval loyal, et de bonne fantasie; mais ils ne sont forts[1]. » N'y a-t-il pas là un écho du précepte arabe : « N'achetez jamais un cheval bonne face avec quatre balzanes, car il porte son linceul avec lui[2]? »

Nous pourrions continuer longtemps ce rapprochement; nous préférons en laisser le plaisir aux nombreux lecteurs du livre du général Daumas, qui est entre toutes les mains; mais comme il est loin d'en être ainsi de celui de Réné François, nous en extrairons encore ce qui se rapporte aux robes des chevaux.

« Le balsan de la main de la bride et du pied de l'estrier (c'est-à-dire, les deux pieds gauches, l'un devant, l'autre derrière) est mauvais, et se nomme travat; le balsan de la main de la lance, et du pied droit, se dit aussi travat, et ne vaut rien. Balsan de la main de la bride et du pied droit, se dit trastravat, tombe aisément, et ses cheutes [sont] dangereuses. Balsan de la main de la lance, et du pied de l'estrier, se dit trastravat; ne vaut guère. La cause est que les pieds balsans sont joints au ventre de la mère, et retiennent je ne sçay quoy que marchant ils se r'allient volontiers : de là vient qu'ils s'en frottent, frayent et entretaillent et choppent, et vous passent cavalier[3]. »

Notre écrivain déclare que les balsanes mouchetées d'hermines sont une marque d'excellence dans le bien comme dans le mal. « C'est mauvais signe, ajoute-t-il, d'avoir l'estoille au front sans liste, et une autre sur le museau. Le cheval rubican, c'est-à-dire bay, sursemé de poils gris, s'il est semé avant la main (c'est-à-dire ante) il ne vaut guère; si arrière la main, bon [1]. »

L'auteur n'hésite pas à déclarer tel tout cheval moucheté partout de blanc, de quelque poil qu'il soit; mais si les mouchetures n'existent que sur les flancs, vers la croupe, et au cou vers les épaules, il estime peu l'animal ainsi frelonné, et il en donne la raison, comme l'étymologie de cet adjectif.

« Le blanc moucheté de noir, ou de rouge, ajoute-t-il, est de bon sens, léger, adroit. Le gris moucheté de rouge, ou tanné, sur les machouëres et museau, est superbe et s'esgare de bouche. Le bay sans tache est cholère et sanguin, tant plus qu'il tire sur le rouge et sur l'alezan. Les poils blancs sont donnez de nature aux sanguins et adustes *(ardents)* qui sont bays ou, etc., pour rabattre leur férocité. Les tous noirs sont adustes, mornes et melancholiques [2]. » L'écrivain affirme que moins il y a de blanc dans un cheval, mieux il vaut. « Le gris pommelé pourtant est de grand courage et hardy. » Si vous voulez savoir pourquoi, l'auteur vous le dira.

Il parle ensuite des épis, auxquels, à ce qu'il paraît, on attribuait autrefois une influence, comme encore aujourd'hui en Orient : « Le cheval qui a l'espy (on le dit *espada Romani*) sur le col près des crins, s'il passe d'un costé et d'autre, et mieux s'il l'a sur le front, montre un courage franc, pur, guerrier et heureux en bataille. Et s'il l'a aux hanches,.... vers le tronc de la queuë, et où il ne peut voir, cela corrige tous les malheurs des autres parties; s'il le peut voir, c'est un mauvais signe, et que le cheval sera de mauvaise volonté, et meschante creance [1]. » Comparez ce passage avec celui du livre du général Daumas, où le savant hippographe passe en revue les six épis que les Arabes s'accordent à regarder comme augmentant les richesses, et les six autres qui sont pour eux des présages de ruine et d'adversité [2], et vous verrez qu'en empruntant des chevaux à l'Orient, nos ancêtres recevaient en même temps les notions superstitieuses dont ces animaux étaient l'objet.

Pour peu que l'on interroge encore nos vieux poètes, on apprendra en quoi leurs contemporains faisaient consister la beauté d'un cheval. Suivant l'un des auteurs de *li Romans d'Alixandre,* il devait avoir la tête plate, le pied dégarni de poil et fendu [3]; Raimbert de Paris remarque d'un bon dextrier qu'il était tout noir et avait la jambe plate [4]; enfin Jean Bodel fait le portrait suivant d'un bon dextrier gascon : « Son poil, dit-il, luisait plus que le plumage d'un paon; il avait la tête maigre, l'œil *vair* comme un faucon, le poitrail grand et carré, la croupe large, la cuisse ronde et le derrière serré. Ceux qui le voient, ajoute-t-il, disent que jamais l'on n'en vit de plus beau [5]. »

Mais ces descriptions ne doivent pas nous faire oublier celle des chevaux blancs adressés, comme cadeau de noces, par Hermenfrid, roi de Thuringe, à Théodoric, roi d'Italie, dont le monarque franc épousait la nièce :

« Sous leur poitrail et leurs jambes, dit le secrétaire du Wisigoth, Cassiodore, se dessinent des chairs gracieusement arrondies; les flancs sont assez largement évasés; peu de ventre; un port de tête qui rappelle le cerf; et, pour plus de ressemblance, même vitesse à la course. D'humeur traitable sous leur luisant embonpoint, d'une légèreté bien soutenue par la beauté de leur encolure, ils flattent la vue et sont d'un service plus agréable encore. Rien de plus doux que leur allure; ils n'essoufflent pas leur cavalier en se laissant emporter à leur feu; c'est un repos de les monter plutôt qu'une fatigue; ils règlent leur ardeur avec une égalité qui plaît et qui leur permet un long essor [1]. »

Sous Henri IV, le poëte du Bartas, pour lequel Goethe professait une si grande admiration, avant de décrire

> Le cheval cornepied, soudain, ambitieux,
> Aime-maistre, aime-Mars, et dont la brusque adresse
> Sert volontairement à la dextre maistresse,

lui décerne cet éloge :

> Tel sans maistre et sans mors fait de soy-mesme à mont,
> Se manie à pié coy, à passades, en rond;
> Tel suit, non attaché, l'escuyer qui le domte;
> Tel plie le genouïl quand son maistre le monte.

Le poëte en vient ensuite à faire ainsi le portrait du cheval, qu'il nous montre dompté par Caïn :

> Il en prend un pour soy, dont la corne est lissée,
> Retirant sur le noir, haute, ronde et creusée.

Ses pasturons sont courts, ny trop droits, ni lunez;
Ses bras secs et nerveux, ses genoux descharnez.
Il a jambe de cerf, ouverte la poitrine,
Large croupe, grand corps, flancs unis, double eschine,
Col mollement voûté comme un arc my-tendu,
Sur qui flotte un long poil crespement estandu,
Queuë qui touche à terre et ferme, longue, espesse,
Enfonce son gros tronc dans une grasse fesse;
Oreille qui pointuë a si peu de repos
Que son pied gratte-champ, front qui n'a rien que l'os;
Yeux gros, prompts, relevez; bouche grande, escumeuse;
Nazeau qui ronfle, ouvert, une chaleur fumeuse;
Poil chastain, astre au front, aux jambes deux balzans,
Romaine espée au col, de l'âge de sept ans.
Caïn d'un bras flatteur ce beau genet caresse [1].

Déjà remarquables au point de vue du style, ces vers le sont encore pour l'exactitude du tableau qu'ils retracent; mais il n'y a pas à s'en étonner : du Bartas n'était pas seulement un poète; c'était encore un cavalier accompli, qui plus d'une fois avait combattu aux côtés de Henri IV.

Le passage correspondant du prosateur contemporain que nous citions tout à l'heure, est peut-être plus remarquable encore : « Y a-t-il chose plus admirable, dit-il, qu'un beau cheval de service, accomply de ses perfections? Que sçauroit choisir l'œil de plus beau en ce parterre du monde qu'un beau genet, ou autre, ayant la corne lissée et noirastre, haute, arrondie, bien creusée, ses paturons (c'est, poplites, ce qui est derriere le genouïl, où il se plie, *suffrax* [2]) courts, entre-droits et courbes ou lunez, ses bras secs, nerveux, ses genoulx descharnez et bien emboitez, la jambe d'un beau cerf, sa poitrine large et bien ouverte, l'eschine grasse et double et tremblante, la croupe large, le corsage long et haut, les flancs bien unis, le manteau bayardant, le col d'une moyenne arcade, mais non trop voûté, revestu d'une grande perruque flottante en l'air, et crespeluë; la queuë jusques à terre bien espesse, le front ayant la peau cousuë sur les yeux gros et estincelans, la bouche grande, escumeuse, les nazeaux ouverts et qui ronflent, l'estoille au front, deux balzans aux jambes, ayant son courage en fleur, et l'âge de sept ans, mettez-moy un escuyer qui le manie comme il faut, y a-t-il pareil plaisir au monde [1] ? »

Ici l'écrivain, abordant l'équitation, se donne carrière. Nous y reviendrons; mais auparavant nous devons citer ceux qui en ont parlé avant lui.

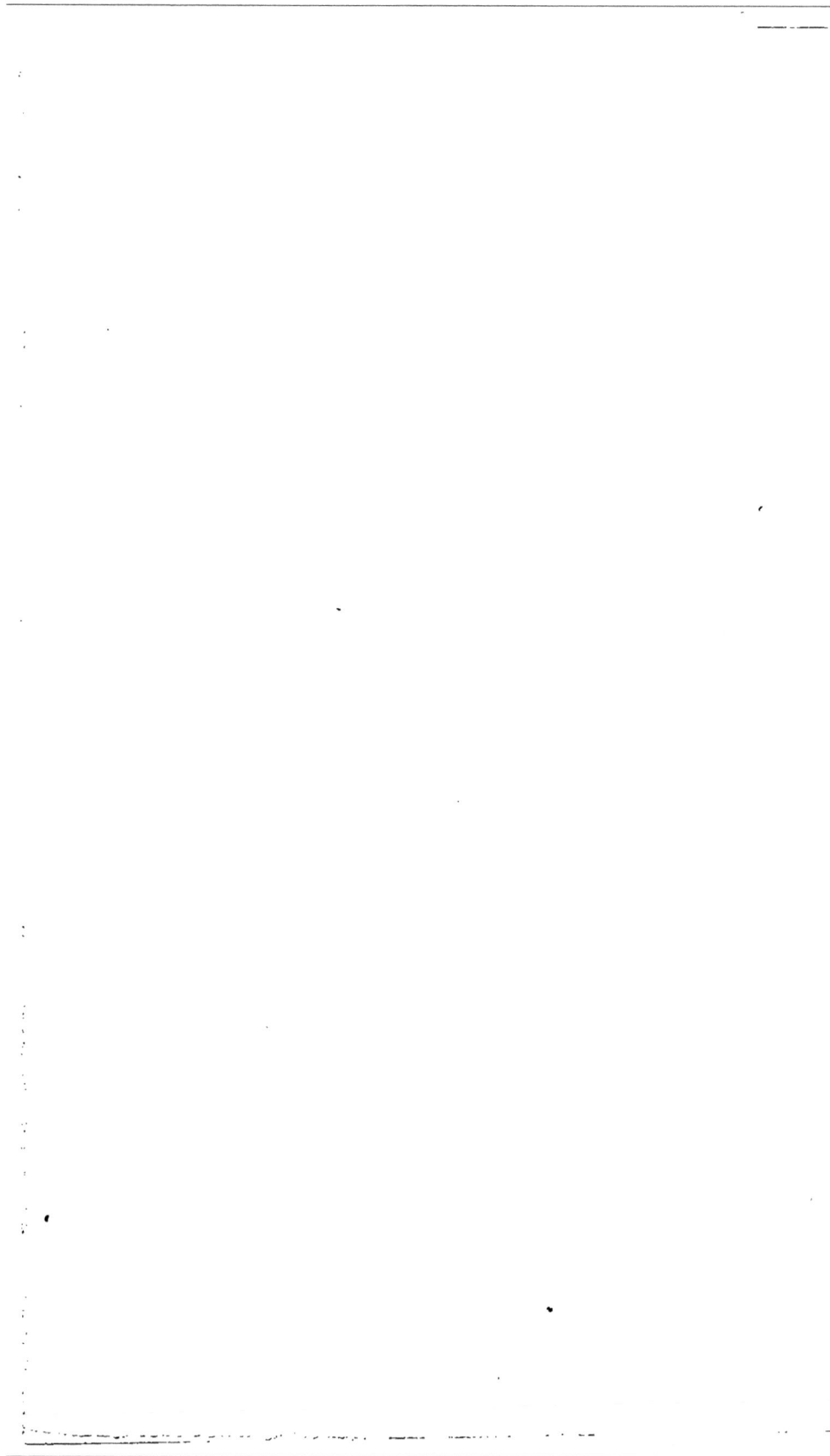

CHAPITRE III.

Un écrivain justement célèbre, Froissart, nous a laissé, dans son *Débat du Cheval et du Lévrier,* un charmant tableau des soins que de son temps on donnait aux chevaux. Il revenait d'Écosse sur un cheval gris, menant en lesse un lévrier blanc, nouveau trait de ressemblance des mœurs de nos pères avec celles des Arabes d'aujourd'hui [1]. Au XIVe siècle, les bêtes parlaient, habitude qu'elles ont malheureusement perdue. « Je me lasse, Grisel, » dit le Chien à son compagnon. » — « Que dirais-tu donc, répond le Cheval, si, comme moi, tu avais porté un homme et une malle [2] par monts et par vaux ? » — « C'est vrai, reprend le Lévrier ; mais tu es grand, gros et carré, et tu es ferré des quatre pieds. Quand nous arriverons au logis, notre maître, sans penser à rien autre, t'apportera de l'avoine, et, s'il voit que tu aies souffert, il jettera son manteau sur ton échine, et puis il se juchera à ton côté; tandis que moi, » etc. « Qu'as-tu à te plaindre? On n'éteint pas la chandelle que tu ne sois frotté, gratté, étrillé; on te couvre pour conjurer la morille, et on te nettoie les pieds. Pour peu que l'on te voie gai, on te passe la main sur le dos, et l'on te dit : « Repose-toi, Grisel, car tu as » bien mérité l'avoine que tu manges. » Et puis on te fait ta litière de blanche paille ou de feuillée, là où tu dois reposer. » Le Lévrier revient alors sur le chapitre de ses tribulations, de manière à rappeler le fabliau *de l'Ane et du Chien*. Il termine en priant son compagnon de hâter le pas afin d'arriver plus vite à une ville dont il aperçoit le clocher à l'horizon :

> « Nos mestres y vodra mengier;
> Tu y auras del avainne,
> Et je aussi provende plainne.
> Si te pri, et si le te lo *(je te le conseille)*,
> Que tu y voises *(ailles)* les galos. »

Grisel acquiesce volontiers à cette demande, car lui aussi il a grand'faim [1].

La nourriture que dans les villes, au XIVe siècle, on regardait comme la plus propre à mettre le cheval dans un état brillant, consistait en bon foin, en paille d'avoine ou de froment, en son, menues fèves et avoines [2]. On lui donnait aussi de l'orge [3]. En 1435, la reine de Navarre Doña Blanca faisait acheter de la luzerne, des carottes et autres choses nécessaires pour rafraîchir les chevaux [4].

L'ordonnance de l'an 1548 taxe pour la pension d'un cheval de gendarme par jour vingt livres de foin, dix livres de paille et trois picotins d'avoine [1]. Suivant cette ordonnance, un économiste du XVIIIe siècle établit ainsi l'entretien d'un cheval, qu'il met à cent livres par an, au prix où les fourrages étaient en Guienne en 1624 :

« 1. Foin, quatre-vingts quintaux par an, vallant quarante livres, revenant par jour à vingt livres, valant deux sols. — 2. Paille, quarante quintaux par an, vallant dix livres, revenant par jour à dix livres, vallant six deniers. — 3. Avoine, six pippes par an, vallant cinquante livres, revenant par jour à trois picotins, vallant deux sous six deniers [2]. »

Avec toutes les attentions, toutes les caresses que nous avons vues tout à l'heure prodiguées au cheval du moyen âge, il ne laissait pas que d'être traité quelquefois avec une grande sévérité. Ainsi, aux termes des Assises de Jérusalem, le connétable, passant ses inspections, avait le droit de frapper et même de tuer le cheval sous le cavalier trouvé en faute et désobéissant [3]. Moins cruel sans doute est ce comte du fabliau *de la Dame qui fut corrigée,* lequel, trouvant son cheval rebelle à sa voix, lui abat la tête [4].

Une autre punition que l'on infligeait aux cavaliers dans leurs chevaux, consistait à faire passer ceux-ci dans une caste inférieure. Du moins, on lit dans la chronique de Guillaume de Neubridge une anecdote qui semblerait prouver que c'était faire une injure grave à un chevalier que de transformer son dextrier en un cheval de charge. L'an 1162, Guillaume Trancavel était allé secourir son neveu, inquiété par des ennemis; avec lui marchait la jeunesse de Béziers et de Carcassonne. Or, il arriva qu'un habitant de la première ville enleva à un chevalier son dextrier et en fit un cheval de charge. Le chevalier, dont l'indignation était partagée par ses compagnons d'armes, se plaignit au duc de la grave injure qu'il venait de recevoir. Le duc, pour venger cet outrage, remit le coupable à la discrétion des plaignants, qui lui infligèrent une peine légère, mais tant soit peu infamante, et le renvoyèrent déshonoré [1].

Quelquefois aussi le propriétaire du cheval était puni pour une faute tout au plus imputable à la pauvre bête. En 717, le diacre Bénigne, ancien abbé de Saint-Wandrille, ayant, dans une déroute, sauté sur le cheval de Wando, son successeur, qu'il avait trouvé dans un pâturage, celui-ci, quoique bien innocent, fut privé de sa dignité [2]; mais peut-être supposa-t-on que le propriétaire du cheval avait favorisé la fuite du vaincu.

Voyez sur l'équitation au commencement du XVe siècle, *o Livro da ensynança de bem cavalgar toda sella, que fez ElRey Dom Eduarte de Portugal e do Algarve, e Senhor de Cepta, o qual começou em seendo Iffante*, à la suite du *Leal Conselheiro*, du même auteur [3]. Je ne puis songer à donner l'analyse de cet ouvrage, qui, après tout, est étranger à notre pays; mais je dois quelques détails sur la manière dont on s'y gouvernait à cheval, surtout dans les classes élevées. Le récit que nous fait l'historien de la vie de Boucicaut peut faire juger des exercices par lesquels la jeunesse endurcie à la peine et à la fatigue, préparait son corps au métier de la guerre. Il fallait que l'aspirant à la chevalerie réunît en lui seul toute la force nécessaire pour les plus rudes métiers, et l'adresse des arts les plus difficiles, avec les talents d'un excellent homme de cheval : « Maintenant, dit l'écrivain de son héros, s'essayoit à saillir *(sauter)* sur un coursier tout armé... *Item* sailloit sans mettre le pied à l'estrier, sur un coursier armé de toutes pièces.... *Item* en mettant une main sur l'arçon de la selle d'un grand coursier, et l'autre emprès les oreilles, le prenoit par les crins en plaine terre, et sailloit par entre ses bras de l'autre part du coursier [1]. »

Rabelais nous initiera peut-être encore mieux aux exercices du manège tels que les pratiquait la jeunesse de son temps : « Afin que toute sa vie fust chevaulcheur, dit-il de Gargantua, l'on lui feit ung beau grand cheval de boys, lequel il faisoit penader, saulter, voltiger, ruer et danser tout ensemble, aller le pas, l'entrepas, le gualot, les ambles, le hobin, le traquenard, le camelin et l'onagrier. Et luy faisoit changer de poil.... de bailbrun, d'alezan, de gris pommelé, de poil de rat, de cerf, de rouen, de vache, de zenele, de pecile, de pye, de leucé [2]. »

Plus loin, le facétieux écrivain revient sur le même sujet, quand il dit de son héros qu'après avoir changé de vêtements, « il montoit sur ung coursier, sur ung roussin, sur ung genet, sur ung cheval barbe, cheval légier ; et luy donnoit cent quarrières, le faisoit voitiger en l'aër, franchir le fossé, saulter le palis, court tourner en ung cercle, tant à dextre comme à senestre [1]. »

Vers la fin du XVIe siècle parut en France un prédécesseur de Franconi, dont un écrivain du temps raconte des merveilles. Déjà l'année précédente avait eu lieu à la cour le ballet des chevaux, « auquel les chevaux d'Espagne, coursiers et autres, en combattant, s'avançoient, se retournoient et contournoient au son et à la cadence des trompettes et clairons, y ayans esté dressés cinq ou six mois auparavant [2]. » Mais, à ce qu'il paraît, ce n'était rien au prix des exercices de voltige et de haute école offerts à la curiosité parisienne en 1582, dans une espèce de cirque grossier formé par des piquets reliés par des cordes. « En ce mois d'août, dit Pierre de l'Estoile, vint de Boulogne à Paris un Italien qui se disoit avoir esté esclave des Turcs pendant l'espace de dix ans, et avoir appris plusieurs gentillesses et dexteritez rares et remarquables.... Ce qu'il savoit faire estoit que sur son cheval courant à toute carrière il demeuroit debout sur les deux pieds, tenant une zagaye en main, qu'il dardoit assez destrement au bout de la carrière, et se renfourchoit en selle; en mesme estat il tenoit à la main une masse d'armes qu'il jettoit en l'air, et reprenoit en main plusieurs fois durant la carrière. En une autre carrière, ainsi debout sur la selle, le cheval courant, il contournoit ladite zagaye qu'il tenoit en main autour de sa teste et de ses espaules, fort agilement et subtilement. En une autre carrière, ainsi debout et sur la selle, le cheval courant, il mettoit l'un des pieds en terre, et ressaultoit en selle cinq ou six fois durant la carrière, debout sur la selle. D'une lance qu'il tenoit sous le bras comme en arrest, il emportoit un grand pendu au milieu de la carrière, et tiroit un cimeterre, pendu à son costé, hors du fourreau, et le remettoit cinq ou six fois. Assis en selle, le cheval courant à toute carrière, d'un arc turc qu'il tenoit en main, il tiroit flesches en avant et en arrière, à la mode des Tartares; et pour dernier mets de son service, le cheval courant ainsi à toute carrière, il se tenoit des mains à l'arson de devant; et ayant la teste bas et les pieds en haut, fournissoit la carrière, au bout de laquelle il se renfourchoit en la selle fort dextrement. La dextérité et souplesse du compagnon, qui autrement estoit petit, rare et maigre, et mieux semblant à un vrai Turc qu'à un Italien turquisé, à la vérité estoit rare et grande; car encore voltigeoit-il sur son cheval fort dextrement et agilement, de toutes sortes et en toutes façons; mais l'homme et le cheval se connoissans de longue main, et rompus à telles souplesses, faisoient paroistre les merveilles plus grandes qu'elles n'estoient[1]. »

Voyons maintenant en quels termes du Bartas décrit les exercices de l'équitation. Nous avons laissé, à la fin du chapitre précédent, le fils aîné du premier homme avec le cheval : il saute dessus, et le voilà parti.

Son pas est libre et grand ; son trot semble égaler
Le tigre en la campagne et l'arondelle en l'œr...

Desbande tous ses nerfs, à soy-mesmes eschappe ;
Le champ plat bat, abbat, destrappe, grappe, attrappe.
Le vent qui va devant couvert de tourbillons,
Escroule sous les pieds les bluettans scillons,
Fait descroistre la plaine ; et ne pouvant plus estre
Suivy de l'œil, se perd dans la nuë champestre.
Adonques le piqueur, qui, jà docte, ne veut
De son brave cheval tirer tout ce qu'il peut,
Arreste sa ferveur ; d'une docte baguette
Luy enseigne au parer une triple courbette,
Le louë d'un accent artistement humain,
Luy passe sur le col sa flateresse main,
Le tient et juste et coy, luy fait reprendre haleine,
Et par la mesme piste à lent pas le r'ameine ;
Mais l'eschauffé destrier s'embride fièrement,
Fait sauter les caillous ; d'un clair hannissement
Demande le combat, pennade, ronfle, brave,
Blanchit tout le chemin de sa neigeuse bave ;
Use son frein luisant, superbement joyeux,
Touche des pieds au ventre, allume ses deux yeux ;
Ne va que de costé, se quarre, se tourmente,
Hérisse de son col la perruque tremblante ;
Et tant de spectateurs qui sont aux deux costez,
L'un sur l'autre tombant font largue à ses fiertez.
Lors Caïn l'amadouë, et, cousu dans la selle,
Recerche ambitieux quelque façon nouvelle
Pour se faire admirer. Or il le meine en rond
Tantost à reculons, tantost de bond en bond,
Le fait balser, nager, luy monstre la jambette,
La gaye capriole et la juste courbette.
Il semble que tous deux n'ont qu'un corps et qu'un sens :
Tout se fait avec ordre, avec grâce, avec temps.
L'un se fait adorer pour son rare artifice,
Et l'autre acquiert, bien né, par un long exercice,
Légerté sur l'arrest, au pas agilité,
Gaillardise au galop, au maniement seurté,
Appuy doux à la bouche, au saut forces nouvelles,
Asseurance à la teste, à la course des ailes [1].

René François, à l'ouvrage duquel nous avons fait de si larges emprunts pour ce qui concerne le cheval à la fin du XVIᵉ siècle, n'est pas moins éloquent quand il parle d'un écuyer : « Il n'est si tost assis, dit-il, et quasi cousu en selle, les rénes en une main, la baguette en l'autre, parlant avec les talons et l'esperon, par le flanc au cheval, que vous le voyez bondir et faire merveille : tantost il se cabre, il ruë, il saute; tantost il se lance et se darde, et quasi nage par l'air; il se recule, il va de costé piaffant, et tournant sa teste et son corps; s'il va le pas, c'est en grondant et hannissant; s'il est pressé, il va de bond en bond, il galoppe avec majesté et avec une cadence bienséante. Si l'on lasche la bride et presse de l'esperon, alors, comme s'il avoit des aisles, il fend l'air, il destrappe aussi tost, et, quasi eschappant à soy-mesme, il se laisse derrière soy, il attrape le vent, il luy gaigne le devant, il vole, il s'emporte à perte de veuë, et laisse les oiseaux bien loing, et besbandans tous ses nerfs fait une carrière à perte d'haleine, et quelquefois de vie, mais de telle vitesse que l'œil quasi ne le peut suivre. Mais estant arresté, et retournant à petit pas, alors il le fait beau voir; car ayant quelque sentiment de gloire, et luy semblant d'avoir gagné le prix, vous le voyez mascher son mors orgueilleusement, il sème par la carrière une escume, et couvre tout de neige; il a les yeux qui jettent le feu; il regarde de costé et d'au-tre : vous diriez que c'est pour recevoir les applaudisse-mens; et ne pouvant remercier, il redouble ses hannis-semens pleins de joye, et s'arrestant il vous bat la terre

du pied et la gratte pour se donner du plaisir, spécialement si le cavalier le flatte luy passant la main sur le
col, et, bannissant l'esperon du flanc, luy présente un
bouquet d'herbes pour le rafraischir. Alors il ne se fait
guères prier de faire ses courbettes, tous les airs, quatre
caprioles en l'air, et autant de sauts de mouton les quatre pieds en l'air et, si vous voulez, la jambette. Le
passetemps est quand il se sent entre les dents un mors
d'argent et les roses dorées, la bride brodée d'or, la
selle royalle, et la housse de drap d'or, et les houppes
pendantes : or c'est alors qu'il se quarre, qu'il esbranle
son pennache, qu'il se sent sur la teste, et, comme faisait Bucephalus qui ne recevoit sur soy qu'Alexandre
le Grand, mais encore en habits impériaux, car tout
autre estoit plustost secoüé et rué par terre qu'il n'avoit
le pied en l'estrier; il brave, il ronfle, il ne touche quasi
la terre sinon du bout de l'ongle, il fait du roy et piaffe
à merveille. Sur tout se void le naturel de cet animal
lorsqu'on fait retentir un clairon accompagné d'un fifre
et d'un tabourin battant et donnant une allarme; car
pour lors, s'il se sent la teste armée d'un chanfrain, le
portail d'arme et la selle de guerre et armé au combat
avec son harnois, ô quelle peine y a-il à le manier! il
pennade, il se tourmente, il bave de rage et, redou-
blant ses hannissemens, il cherche la meslée et le choc,
·il rompt les cailloux du pied, il trépigne sans cesse, et,
les oreilles dressées, jettant feu-flamme par les yeux et
par les nazeaux, se darde tant qu'il peut. Il ne se peut
enir sur ses pieds; mais rongeant de despit son frein,

escume sa rage par la bouche, et, sans parler, ne
demande que la guerre [1]. »

Quelques détails sur les courses telles qu'on les pratique aujourd'hui, feraient ici à merveille; mais il ne
paraît pas que ce genre de spectacle, importé de la
Grande-Bretagne, où il est toujours en faveur, ait été
connu de nos ancêtres, si ce n'est au XIIe siècle. Du
moins, nous ne trouvons des traces de cet exercice
que dans deux chansons de geste vraisemblablement
écrites à cette époque.

Dans le Roman de Renaud de Montauban, Naime,
l'un des douze pairs de Charlemagne, conseille à l'empereur, qui convoite le célèbre cheval Bayard, d'annoncer une course dans la grande plaine qui borde la Seine
et sépare de Montmartre la ville de Paris. Le prix sera
quatre cents marcs d'or, cent pièces de soie rayées ou
décorées de roues, et de plus, la couronne d'or de l'empereur, qui, placée à l'extrémité de la carrière, appar-
tiendra à celui qui l'atteindra le premier. A la nouvelle
de cette fête, Renaud ne manquera pas d'arriver sur
Bayard, et le roi, informé du nom de tous les étrangers
qui viendront à Paris dans l'intention de concourir,
pourra retenir aisément le bon cheval et son maître. Les
choses se passent comme Naime l'avait prévu : Renaud
quitte le château de Montalban, refuge des quatre fils
d'Aimon; il se met en route avec Maugis et cent chevaliers, et se dirige vers Paris. Le jour des courses venu,
les concurrents se disposent; les diverses robes des chevaux engagés sont heureusement marquées dans un seul

vers : « Vous auriez vu amené ce jour-là, dit le trouvère, maint dextrier

» Sor et noir et baucent, ferrant et pomelé. »

Jusqu'alors Bayard, dont Maugis avait teint le poil
en blanc et embarrassé les pieds de derrière pour le
déprécier aux yeux du roi, s'avançait en clochant et en
prêtant à rire aux spectateurs; mais, au moment du
signal, le noble coursier redevient libre, et Renaud
s'adressant à lui :

« Baiart, ce dist Renaus, trop nous alons tarjant;
Se il en vont sans vous, blasme i aurons moult grant. »
Baiars oï Renaut, si hennist clerement,
Ensement l'entendi come iere son enfant;
Les oreilles a jointes, la teste va crollant,
Il fronce des narines, des piés harpe devant,
Por abriver son cors s'en va tot arcoiant.
Renaus lasche les regnes, Baiars s'en va bruiant,
Tot à col estendu la terre porpennant;
A chacun saut en prent une lance tenant,
La terre fait bondir, et li vens va bruiant. »

« Bayard, dit Renaud, nous tardons trop; s'ils s'en vont sans
nous, nous serons fortement blâmés. » Bayard entendit Renaud,
il hennit clair; il le comprit comme s'il eût été son enfant; il
joint les oreilles, secoue la tête; il fronce les narines, harpe des
pieds de devant, pour être plus rapide, il courbe tout son corps
en arc. Renaud lâche les rênes, Bayard s'en va avec bruit, ar-
pentant la terre le cou tendu; à chaque saut, il en prend la
valeur d'une lance; il fait bondir la terre, et le vent siffle. »

Renaud dépasse facilement les autres coureurs, et il
arrive avec Bayard devant le poteau qui portait la couronne d'or; mais comme il tendait la main pour la

prendre : « Arrête, lui crie l'empereur ; laisse la couronne et prends le reste ; descends de ton bon cheval, je le payerai de tout l'argent de mes trésors. » Au lieu d'obéir, le fils d'Aimon répond : « Ah ! Charles, je n'ai pas besoin de vos trésors ; je suis Renaud, et ce bon cheval est Bayard : dites à votre neveu de venir le prendre. » En même temps, il pique des deux ; Maugis l'attendait à la sortie de la ville. Une fois réunis, ils regagnent Montlhéry, puis Orléans, Poitiers, Bordeaux, et enfin Montalban, d'où ils étaient partis [1].

On trouve une autre description de course de chevaux dans l'ancienne chanson de geste d'Aiol. Cette fois Orléans est le théâtre de la fête. Comme les concurrents conduisaient leurs chevaux vers la lice qu'ils avaient à parcourir, un chevalier félon, avisant le bon coursier Marchegai, s'adresse en raillant à Aiol :

« Vostre chevaus n'est mie des miex corant ;
L'autre jour n'en iert mie si rabiant,
Ains resambloit ronchin à païsant.
Destelé l'as de kerrue, récréant,
Et si vous en gaboient trois cent enfant. »

« Votre cheval n'est pas des plus rapides ; l'autre jour, il n'était pas si fougueux ; il ressemblait plutôt à un roncin de paysan. Tu l'as dételé d'une charrue, éreinté, et trois cents enfants se moquaient de vous. »

Aiol, très-patient pour les injures qui lui sont adressées, cesse de l'être quand on outrage son cheval : « Marchegai, dit-il, est le meilleur coursier du monde, sauf celui de l'empereur, qui doit rester hors de cause. »

Il offre de parier que, dans la première épreuve, Marchegai dépassera le cheval de Macaire, auquel il donnera pourtant l'avantage d'un arpent mesuré. Le pari accepté, la victoire demeure à Marchegai [1].

Il paraît que les anciens chevaliers prenaient encore eux-mêmes le divertissement que leurs fils demandent maintenant à leurs montures. Le Roman de Sir Bevis de Southampton nous montre les chevaliers s'exerçant à la course comme le font aujourd'hui les chevaux les plus renommés ; la distance à parcourir était de trois milles ou une lieue, et le vainqueur recevait quarante livres [2].

On aurait le droit de nous critiquer sévèrement si, après avoir recherché les traces les plus anciennes des courses, nous ne disions rien des postes, qui sont bien autrement utiles.

C'est à Brusquet, bouffon ou fou de Henri II, que nous devons l'établissement des postes, tel que nous les voyons encore subsister aujourd'hui en quelques endroits. Il obtint du roi son maître d'en établir une à Paris, « car, dit Brantôme, il n'y avoit point pour lors nulles coches de voiturés, ny chevaux de relais comme pour le jourd'huy... ny de louage que peu, pour lors dans Paris [3]. » L'auteur dit avoir compté à Brusquet jusqu'à cent chevaux de poste ; aussi ce bouffon se donnait-il par plaisanterie le titre de *capitaine de cent chevaux légers*. « Il prenoit pour chaque cheval, ajoute Brantôme, vingt solz si l'homme estoit François, et vingt-cinq s'il estoit Espaignol, ou autre estranger. Aussi devint-il fort riche, autant pour cela que pour une infinité de pratiques et de rapines qu'il tiroit sur les princes, seigneurs, gentilshommes, qui çà, qui là [4]. »

Avec la mode des courses de chevaux nous sont venus d'Angleterre les termes de *jockey,* de *steeple chase,* en un mot tout ce qui constitue le vocabulaire des amateurs et des éleveurs de chevaux. Il semble, cependant, qu'il faille en excepter le terme de *groom,* ancien dans notre langue : on trouve, en effet, l'expression *gourme de chambre* dans un document du XVe siècle [1].

Quant au mot *écuyer,* depuis plus longtemps encore il fait partie de notre langue, qui l'a emprunté au latin. Charles Nodier, après avoir signalé comme remarquable que la plupart des noms qui désignent les castes nobles soient empruntés du cheval, comme si la gloire de soumettre cet animal superbe avait été le premier titre à la prééminence que certains hommes ont acquise sur d'autres, ajoute : « Il en est ainsi de *chevalier,* qui vient du nom françois du cheval; d'*écuyer,* qui vient de son nom latin [2]. » Choqué de cette assertion, M. Raynouard mit la plume à la main et prit à partie l'auteur dans le *Journal des Savants.* Il n'ignore pas que cette étymologie a déjà été hasardée, et il la croit très-fausse. Au savant académicien il paraît de toute évidence qu'*écuyer* vient de *scutum,* comme l'a dit Ménage, l'auteur du *Dictionnaire étymologique de la langue françoise :* l'écuyer portait l'écu du chevalier qu'il accompagnait.

Ainsi attaqué, Nodier risposta avec beaucoup de sens et d'esprit : « *Écuyer,* dit-il, est dans notre langue un de ces mots doubles qu'on appelle *homonymes,* et que les fâcheuses altérations de l'orthographe ont fini par rendre *homographes*. Dans sa première acception, il s'écrivoit *escuyer* et dérivoit de *scutifer*. Dans la seconde, qui est aujourd'hui la plus usitée, ou, pour mieux dire, la seule usuelle, il dérive d'*equus*, *equitiarius;* et il ne peut pas dériver d'autre chose. Certainement c'est fort bien parler que de dire que Franconi est un habile *écuyer;* mais personne ne traduiroit en latin ce mot par *scutifer*. En cette acception,

> *Écuyer* vient d'*equus* sans doute ;

et cela restera démontré tant qu'on n'aura pas prouvé que les preux appendoient aussi dans leurs *écuries* leurs écus et leurs armures. Ce sont des mots de même famille.

» Un de ces deux homonymes a obtenu dans la langue françoise des lettres de noblesse. Voilà la question : Est-ce Sancho-Pança ? Est-ce Franconi ? Il y a des raisons pour et contre, et les miennes ne me paraissent pas les meilleures. J'ai été conduit à les adopter par une singulière analogie de sens, le mot *écuyer* fait d'*equitiarius* étant le plus parfait synonyme possible du mot *cavalier,* qui, dans son acception toute figurée (le *cavalier* d'une dame, un aimable *cavalier*), est le seul mot de notre langue qui puisse donner une idée du *gentleman* des Anglois [1]. »

Les chevaux dressés par les écuyers portaient, à ce qu'il paraît, le nom de *chevaux d'école*. Le cardinal de Richelieu, venant de léguer dans son testament aux sieurs de Grand et de Saint-Léger, ses écuyers, chacun trois mille livres, et en outre ses deux carosses avec les deux attelages de chevaux, sa litière et les trois mulets qui y servaient, ajoute : « A Deroques, dix-huit chevaux d'école, après que les douze meilleurs de mon écurie auront été choisis pour mes parents [1]. »

Pour terminer convenablement ce chapitre, ce serait bien ici le lieu de dire un mot des chevaux savants; mais ce qui nous est connu du moyen âge ne nous offre que le cheval de Bank, dont il est si souvent fait mention dans les anciens écrivains anglais [2]. Nous nous bornerons à le nommer, regrettant de ne pouvoir mieux faire.

CHAPITRE IV.

Hippiatrique; Artistes vétérinaires; Maréchaux ferrants; Livres sur l'hippiatrique
écrits pendant le moyen âge; Pharmacopée vétérinaire.

Un mot maintenant sur l'hippiatrique au moyen âge.
Jusqu'au XVIᵉ siècle, les Juifs et les Arabes étaient
généralement préférés pour l'exercice de la médecine
humaine et vétérinaire, et l'on confondait tellement,
suivant l'esprit de l'époque, l'idée de leurs talents avec
celle de leur religion, que, pour avoir confiance en eux,
on exigeait que les Juifs judaïsassent, et que les Arabes
fussent mahométans[1]. J'ai rapporté ailleurs[2] des articles des comptes de Navarre pour les années 1283 et
1284, d'où il semble résulter que dans le corps médical
employé par l'administration française, il y avait au
moins un vétérinaire sarrazin. Il est appelé *medicus,*
comme d'autres mécréants nommés *Facen* et *Gent,* qui
viennent après Acen, chirurgien juif, et maître Sancho,
physicien[3], et avant maître Juan, également physicien
et majordome du gouverneur, avant Miguel de Burgos
et le maréchal Garcia Perez de Miranda.

Dans le poëme à la suite duquel j'ai eu l'occasion de publier ces extraits des comptes de Navarre, comme dans l'*Histoire de la guerre contre les hérétiques albigeois,* les *marescal,* c'est-à-dire les maréchaux ferrants, sont nommés avec les *melge* ou médecins, et mis presque sur la même ligne. Dans le Cartulaire de Saint-Père de Chartres, il est fréquemment fait mention de *marescalli.*

Comme le fait remarquer le judicieux M. Guérard, on ne peut entendre sous ce nom les officiers qui commandaient aux écuries dans les maisons des grands seigneurs, et qui allaient de pair avec les sénéchaux et les chambellans; il suffit, en effet, de jeter les yeux sur la place qu'ils occupent parmi les témoins dans les actes, de les voir, par exemple, placés entre les charpentiers et les boulangers, entre les messiers et les cuisiniers, et même après ceux-ci, pour se convaincre qu'au lieu d'être d'une haute condition, ils appartenaient à l'humble classe des artisans. Cependant, un certain Raoul de Planches, qualifié *marescallus* de Thibaut, comte de Blois, dans une charte du mois de mai 1202, paraît former exception et devoir être admis au nombre des officiers dont nous venons de parler[1]. C'est le temps où Geoffroy de Waterford mettait sur la même ligne « le connestable, ou ceux qui ont le cure de tos les sugès, qu'en aucuns lieus sunt nomez *marescal*[2]. »

Dans les grands fiefs, le maréchal non-seulement commandait aux écuries, mais encore il surveillait les prairies, réglait les distributions de fourrages et de grains, soignait les chevaux, accompagnait son seigneur dans les voyages, et s'occupait des fers et des harnais[1]. Le soin de trouver un logement pour les chevaux du maître vraisemblablement faisait partie de ses fonctions : d'où le nom de maréchal des logis donné à un sous-officier de notre cavalerie.

On trouve aussi *marescallus* avec la signification d'homme qui dompte les chevaux, *equorum domitor*, dans une charte de l'an 1060 du Cartulaire de la Sainte-Trinité de Rouen[2]. Dans celui de l'abbaye de Saint-Père de Chartres, les palfreniers ou valets d'écurie sont nommés *agasones, stabularii*. A Cluny, le *stabularius* était le moine ayant l'intendance des écuries et prenant soin des chevaux et des mules des étrangers qui recevaient l'hospitalité dans le monastère[3].

L'*equestrator* qui figure dans une charte ancienne[4], paraît être un palefrenier, ou plutôt celui qui harnachait les chevaux. L'on sait que, dans le moyen âge, l'équipement d'un dextrier ou d'un palefroi était souvent très-compliqué, et qu'entre autres pièces tombées depuis en désuétude, il s'y trouvait parfois des housses traînantes et des grelots[5]. Dans la loi salique, le *strator* est distingué du *mariscallus*[6].

En Écosse, à la fin du XVᵉ siècle, le roi Jacques IV avait pour ses chevaux un maréchal anglais, ce qui donne une haute idée de l'habileté des hippiatres de sa nation, ou plutôt une très-mince des talents des maréchaux écossais. Les comptes du grand trésorier en font mention, en même temps que d'un paiement de dix shillings, et d'un autre de dix-huit, pour guérir le *geldin* ou cheval hongre brun [1].

Quant à la manière de ferrer les chevaux, des chartes anciennes nous apprennent qu'à Falaise, au XIIIᵉ siècle, les fers de dextrier s'attachaient avec huit clous, et ceux de roncin avec six. Dans ces chartes, il est question de rentes de ces sortes de fers consenties par un vassal: comme le fait observer M. Delisle, il est très-probable que c'était le prix moyennant lequel avait été rachetée l'obligation d'être le maréchal du seigneur.

Parlerai-je de la pratique de ferrer les chevaux à rebours pour égarer une poursuite? Le plus ancien exemple que j'en connaisse se trouve dans le Roman d'Eustache le Moine, quelques vers après ceux où le trouvère parle du riche cheval d'Espagne de Renaud, comte de Boulogne [2].

Empruntée à l'Orient, la médecine des bêtes portait en espagnol le nom d'*albeiteria,* devenu en portugais *alveitaria,* d'où nous avons fait l'adjectif *vétérinaire,* en supprimant l'*al* arabe. Le plus ancien recueil des préceptes de cet art chez nos voisins, paraît être le *Libro de albeyteria,* publié pour la première fois à Saragosse en 1495, et souvent réimprimé [3]; mais les Italiens disputent aux Espagnols l'honneur d'avoir écrit les premiers sur l'hippiatrique. Ils citent le *Mulomedicina* [4], regardé comme l'ouvrage de Fr. Théodoric, dont les bibliothèques d'Italie possèdent plusieurs exemplaires latins [5], et le Livre de maréchalerie, de Giordano Rosso, Calabrais qui passe pour avoir été attaché au service de l'empereur Frédéric II. Giordano, dont le texte a été publié pour la première fois à Padoue, en 1818, par Girolamo Molini, en un volume grand in-8°, était depuis longtemps connu par une traduction italienne de son ouvrage, souvent imprimée[1]. Quant à Théodoric, je retrouve son ouvrage (en supposant que la *Cirrurgia dels cavals* du manuscrit de la Bibliothèque impériale n° 7249[2] soit bien de lui) exactement traduit dans un petit volume imprimé à Lyon en 1591[3], en 1606 et en 1619.

Il faut encore inscrire à l'avoir des Italiens la *Medicina dei cavalli* du manuscrit de la Bibliothèque impériale n° 7099[4], mentionné par M. Paulin Paris dans son catalogue, t. V, p. 227; et le *Libro de' marescalcia* de Franceschino Sodetto, autre manuscrit du même dépôt, marqué 7246[5] et décrit plus loin, t. VII, p. 135, 136. A ces traités, si l'on joint ceux qui sont indiqués dans le *Manuel du libraire*[6] et dans le catalogue Huzard, on sera bien près d'avoir tout ce qui, de l'autre côté des monts, a été écrit sur l'hippiatrique.

Ce n'est que plus tard, à ce qu'il paraît, que les Allemands ont songé à rédiger en corps d'ouvrage les préceptes de l'art; je n'ai du moins rien trouvé, en ce genre, d'antérieur au volume imprimé à Francfort en 1574, in-4°, avec gravures en bois, sous ce titre : *Hippiatria, de cura, educatione et institutione equorum, una cum variis et novis frenorum exemplis.*

Les freins ont donné lieu, dans le même pays, à un recueil spécial, au Livre de mors, publié pour les amateurs de cavalerie, comme il est dit sur le titre[1], mais qui fut imprimé pour le comte Fugger, dont l'auteur, Seutter, était premier écuyer. Comme on doit s'y attendre, ce livre est rempli de planches gravées sur cuivre, qui reparurent dans la seconde édition.

Je n'étonnerai personne en disant que les Allemands possèdent un grand nombre d'ouvrages sur l'équitation : on en trouvera les titres dans les bibliographies, dans le catalogue Huzard et dans celui de l'abbé de Bearzi, si riche en cette sorte de livres[2]. On ne voit figurer cependant ni dans l'un ni dans l'autre une ancienne édition de l'ouvrage de Georg Engelhardt de Loehneysen, que M. Huzard avait entrevue[3], et que je trouve ainsi indiquée dans un catalogue du libraire allemand Edwin Tross : « *Lochneysen, G. von Zeumen. Gründtlicher Bericht des Zeumens und ordentliche Aussteilung der Mundtstück und Stangen.* S. L., 1558, grand in-fol., fig. » Le rédacteur ajoute en note : « Ce beau volume, orné de belles gravures en bois, est sans doute le plus rare qui ait été publié sur l'équitation. Il contient en même temps une description détaillée du cheval. »

Un mot sur la pharmacopée vétérinaire, et nous passerons à un autre sujet.

Les drogues qui entraient dans les formules des maréchaux du XIIIe siècle paraissent avoir été peu nombreuses. S'agissait-il de blessures, c'étaient des œufs, de l'eau, des étoupes, de l'huile bouillie, du sel, des onguents et des emplâtres; encore tous ces médicaments étaient-ils communs aux hommes et aux bêtes[1].

Pour le commencement du XVe siècle, on trouve dans un registre des comptes royaux[2] une note de médicaments pour les chevaux, comprenant du vert-de-gris, de l'huile de lorin, de la tourmentine, c'est-à-dire de la térébenthine, du boulameny ou bol d'Arménie[3], du brun d'Auxerre, du miel, du vieux oing, de la cire « et saing de verre agrippé, et autres choses pour les chevaulx. »

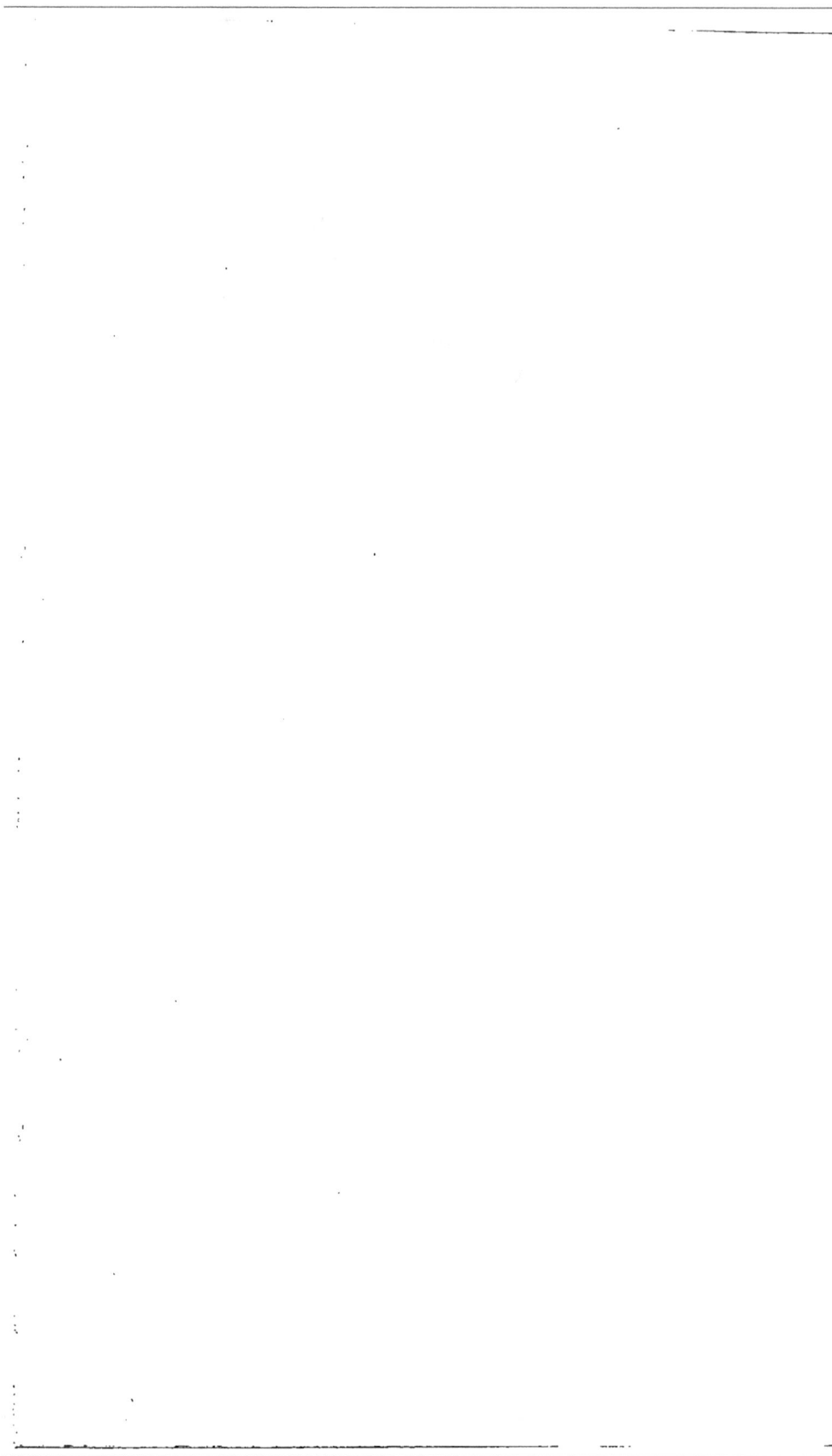

CHAPITRE V.

Les haras en France sous les rois mérovingiens et sous Charlemagne. — Haras prisés de la Normandie au moyen âge; Importance des écuries monastiques à cette époque. — Offrande de chevaux par les vassaux à leurs suzerains. — Haras de Lewes, en Angleterre. — Haras du nord de la France. — Projet de François Ier d'établir des haras en Auvergne. — Les haras royaux sous ses successeurs. — Louis XIV et Colbert s'occupent du rétablissement des haras dans les provinces; Extraits de la correspondance administrative de l'époque. — Réputation de la haute Auvergne sous le rapport hippique; Haras de cette province avant 1789.

On trouve dans la loi salique, dans celles des Ripuaires, des Burgondes et des Wisigoths, un grand nombre de dispositions relatives aux chevaux et à ceux qui se les appropriaient indûment[1]. Il ne paraît pas, cependant, que les Francs aient été grands cavaliers; c'est du moins ce que dit Agathias, qui rapporte qu'ils usaient peu de chevaux, étant surtout très-exercés à combattre à pied, manière qui leur était familière et nationale[2].

La plus ancienne trace que l'on rencontre des haras en France se trouve dans l'Histoire des Francs de Grégoire de Tours, qui parle d'un certain Pélage, chef des palefreniers des juments du fisc[3].

Du VIe siècle il nous faut ensuite passer brusquement à la fin du VIIIe ou au commencement du IXe. A cette époque, Charlemagne, réglementant l'administration de ses domaines particuliers, s'exprimait ainsi au sujet des haras qui s'y trouvaient :

« Nous voulons que nos officiers prennent grand soin des chevaux reproducteurs, c'est à dire étalons, et ne leur permettent sous aucun prétexte de stationner long-temps dans un même endroit, de crainte qu'ils n'en meurent, ce qui pourrait arriver. Et si l'un d'eux est mauvais ou trop vieux ou qu'il meure, ils doivent nous le faire savoir en temps opportun, avant que le temps vienne de l'envoyer parmi les juments.

» Ils doivent bien garder nos juments et séparer les poulains à temps ; et si les pouliches viennent à se mul-tiplier, elles devront être séparées et réunies ensuite en un troupeau à part.

» Nous voulons que nos poulains de toutes manières soient au palais à la Saint-Martin d'hiver [1]. »

Nous arrivons maintenant au XIe siècle, où commen-cent les indications si patiemment recueillies par M. Léo-pold Delisle sur les haras privés de la Normandie au moyen âge [2]. Vers 1070, Gerold donne à l'abbaye de Saint-Amand la dîme de ses juments de Roumare ; vers 1082, Gautier et Raoul Dastin accordent aux moines de la Couture le même droit sur les juments qu'ils pouvaient avoir, tant à Vezins dans l'Avranchin, que dans toute autre localité de la Normandie. En 1086, Roger enrichit l'abbaye de Saint-Wandrille de la dîme de ses haras de la forêt de Brotonne. Henri Ier confirma à l'église de

Saint-Georges de Bocherville la dîme des juments de Raoul, chambellan de son père. Avant que Raoul, fils d'Anserède, aumônât aux moines de Saint-Wandrille la dîme de Beaunai, ceux de Saint-Évroul y prenaient la dîme des juments. Les Taisson enrichirent de la dîme de leurs haras l'abbaye de Fontenai. Le prieuré de Saint-Fromond reçut de Robert du Hommet la dîme de ses poulains; les moines de Saint-Sever, la dîme des juments de Hugue, comte de Chester; l'abbaye du Val, en 1124, la dîme des juments normandes de Gascelin de la Pommeraye. Vers 1155, Guillaume le Moine donne à des religieux de Montebourg la dîme des poulains de ses cavales sauvages, appartenant au manoir de Néville en Cotentin. Parmi les biens que Robert Bertran, à la fin du XIIe siècle, confirma au prieuré de Beaumont en Auge, on remarque la dîme de ses juments et de ses poulains, et, dans sa grande charte pour l'abbaye de Saint-Évroul, le comte de Leicester parle de son haras de Montchauvet. En 1400, le seigneur de Quénai, près de Valogne, avait pour son haras des droits d'usage en la forêt de Brix. Enfin, pour épuiser tout ce que nous avons recueilli de renseignements sur le sujet que nous avons abordé, sur les domaines de l'abbaye de Saint-Trudon, si un homme de corps avait une terre censuelle ou servile, il était tenu de donner annuellement aux prévôts en la cour de l'abbé, un bœuf, et pour sa capitation, un autre bœuf ou ce qu'il avait de meilleur. Il en était de même s'il lui restait des palefrois [1].

« Les exemples que nous venons de rapporter, continue M. Delisle, montrent combien il était ordinaire que des abbayes levassent la dîme des produits des haras particuliers. C'était pour elles un premier moyen de remplir leurs écuries de sujets distingués. Elles en avaient un second dans l'usage où certains chevaliers étaient de leur abandonner leur monture, quand, à l'heure de la vieillesse, ils venaient chercher un asile dans les monastères que souvent ils avaient enrichis de leurs dons et défendus par leurs armes. » Aussi, avait-on besoin d'un bel et bon cheval? on était sûr de le trouver dans le haras d'une abbaye plus encore que dans les écuries royales. Louis VII, roi de France, avait écrit à Pierre, abbé de Saint-Remi de Reims, pour avoir un palefroi à son usage : ce religieux lui répond qu'il n'en a point de tel, mais qu'il va faire toutes diligences pour s'en procurer un le plus tôt possible. Il prend occasion de là d'informer le roi qu'il avait prêté à l'archevêque de Reims un attelage de trois chevaux qui ne lui étaient jamais rentrés [1]. Plus tard, Étienne, évêque de Tournai, ayant reçu une demande semblable du fils de Philippe-Auguste, depuis roi de France sous le nom de Louis VIII, lui écrivait pour lui annoncer l'envoi prochain du palefroi désiré [2].

M. Delisle remarque que c'est surtout dans les environs de la forêt de Lions qu'il y avait des haras appartenant à des communautés religieuses. Le 5 avril 1257, saint Louis déclara que les moines de Mortemer auraient, tant qu'il leur plairait, droit d'usage, pour leur haras, dans la moitié de la lande appelée *Amara Herba*. En septembre 1347, le roi Philippe le Bon permit aux mêmes religieux d'envoyer, pendant l'année, leur haras dans la lande Corcel, où il semble qu'auparavant ils n'avaient pas un privilége aussi étendu. L'année suivante, en septembre 1318, il en accorda un analogue au prieuré de Saint-Laurent-en-Lions. En 1365, Charles V donna aux religieux de l'Ile-Dieu droit d'usage pour leur haras en la lande Corcel, depuis l'enlèvement du foin jusqu'à la mi-mai.

Nous n'avons que peu de lumières sur les haras qui, à ces époques reculées, existaient ailleurs qu'en Normandie; nous savons, cependant, qu'il devait y en avoir dans le Beauvoisis. Plusieurs chartes relatives à l'église de Liancourt, presque toutes antérieures au XIIe siècle, stipulent en faveur de l'abbaye de Saint-Père de Chartres la dîme des troupeaux et des bêtes de somme, des ânes et des chevaux, qui fut réclamée avant 1102 par les moines du Bec[1].

Les abbayes, comme le fait encore remarquer M. Delisle, avaient en effet besoin d'un nombre assez considérable de bons chevaux : elles étaient à la tête d'exploitations agricoles fort importantes. A cause des fiefs qu'elles tenaient, elles devaient fournir des hommes d'armes quand le roi semonçait ses chevaliers. En 1313, il fut jugé que les moines de Préaux devaient à Guillaume de Maulevrier, pour droit de relief, un cheval, « le meilleur de l'ostel après le palefroy de l'abbé. » Enfin, pendant le XIe et le XIIe siècle, c'était un usage assez général de récompenser la générosité des bienfaiteurs en leur offrant une monture. Nous n'en citerons que quelques exemples. Hugues, évêque de Bayeux, reçoit des moines de Jumièges un cheval d'un grand prix. Vers 1060, Robert, abbé de Saint-Wandrille, le même sans doute qui donna à Robert, fils d'Erneis, un cheval du prix de dix livres, offrait à Inmoldus une notable quantité de chevaux et de chiens. En 1101, Ernouf, abbé de Troarn, donne à Eude de Tilli le palefroi que Robert de Prêles avait amené quand il se fit moine; à son fils Guillaume, un cheval de quatre livres, et à Gilbert, son autre fils, un roncin de vingt-quatre sous. Vers le même temps, Rabel et son fils Hubert, ayant cédé au même monastère les droits qu'ils avaient sur l'église de Montchamp, reçurent dix bœufs, trente brebis, une truie et un cheval estimé vingt sous, monnaie du Mans. En 1158, Guirric de Coligny ayant réclamé des terres et des dîmes possédées par les religieux du Miroir, ceux-ci composèrent avec lui et restèrent les maîtres des choses en litige moyennant trois cents sous et un palefroi *ferrant*[1]. Quand, en 1227, Guillaume de Tilli vint ratifier une donation de son père à l'abbaye de Troarn, les religieux lui firent une charité d'un marc d'argent et d'un palefroi. Vers 1165, les moines de Saint-Évroul se dessaisirent de deux palefrois estimés vingt livres d'Anjou, en faveur du comte de Gloucester, qui se désistait de ses prétentions sur l'église de Sap. L'histoire des premiers abbés de Mortemer fournit plusieurs exemples de ces cadeaux. Nous voyons ces religieux donner presque en même temps, à Gilbert de Sancei, un cheval appelé

Payen, sans aucun doute parce qu'il venait de pays musulman ; à Godefroy du Mesnil, un cheval de soixante sous, et à Robert Boudard un cheval de cinq livres. Gilles, évêque d'Évreux, gratifia Roger de Tevrai d'un cheval *vair;* et à la fin du XIIe siècle, le couvent de Saint-Jean de Falaise donna à Béatrix de Reviers douze livres d'Angers, trois palefrois et une vache, et à son fils Guillaume de Reviers, un cheval de cent dix sous.

Mais cette coutume n'était pas exclusivement pratiquée dans les maisons religieuses. Les vassaux offraient pareillement des chevaux à leur suzerain, pour en obtenir des faveurs. Ainsi, Pierre de Saint-Hilaire donnait à Jean Sans-Terre deux cents livres d'Anjou avec un cheval, pour rentrer en saisine des domaines de Loges et de l'Apentis. La veuve de Herbert du Mesnil lui offrait un palefroi pour jouir de la garde de ses enfants, et Geoffroy, fils de Richard, fils de Landri, un palefroi pour obtenir une concession dans la forêt de Beaulieu.

Le roi Jean recevait de pareils cadeaux de ses sujets anglais. Sous le règne de son frère Richard, il n'est pas rare de voir mentionner des dons de chevaux dans les transactions particulières passées à la cour du roi. Quelquefois aussi de pareils dons n'étaient point purement gracieux, mais stipulés par des traités. En 1172, Raimond, comte de Saint-Gilles, étant devenu vassal de l'Angleterre, s'engageait à donner à son suzerain un tribut annuel de cent marcs d'argent ou dix dextriers de prix, d'une valeur d'au moins dix marcs chacun [1].

Je n'ai rien dit des présents de chevaux usités alors

entre les souverains. En 1201, Jean Sans-Terre étant
venu rendre visite à Philippe-Auguste, ce prince le reçut fort honorablement, et, entre autres riches présents,
lui donna « destriers d'Espagne et palefroiz norrois[1]. »

De ce qui précède il semble résulter que les plus
beaux haras, au moins en Normandie, appartenaient
au clergé. On est porté à étendre cette conclusion jusqu'à l'Angleterre, en lisant une lettre du 16 juin 1305,
adressée par Edward, prince de Galles, à l'archevêque
de Canterbury, pour le prier de lui prêter des étalons.
« Possesseur grâce à vous, disait-il à ce prélat, du haras qui appartenait au comte de Warren, dont Dieu ait
l'âme ! et nous trouvant manquer d'étalons, nous vous
prions d'une façon toute particulière, si vous avez quelque beau cheval qui soit bon pour servir comme tel, de
vouloir bien nous le prêter cette saison pour l'amour de
nous, et de nous l'envoyer, s'il vous plaît, à Ditchling,
près de Lewes, le plus tôt que vous pourrez, parce que
la saison passe; nos gens qui sont là le recevront et
bien le garderont, et vous le ramèneront quand la saison sera passée[2], etc. »

De bonne heure les haras anglais, ainsi soignés, nous
envoyèrent fréquemment de leurs produits. Les anciens
comptes du domaine de Dieppe mentionnent en une
fois le débarquement de onze juments d'Angleterre[3].

Sur un autre point de la côte française qui fait face à
ce pays, un Robin Hood boulonnais, le fameux Eustache
le Moine, ayant, à la tête de sa bande, volé dix chevaux
à Renaud, comte de Boulogne, et apprenant que ce sei-

gneur n'avait *sour quoi monter,* lui renvoie un palefroi, dîme de son butin [1]. Ne peut-on pas voir dans ce fait une allusion à la coutume suivie dans les haras, et en induire qu'au commencement du XIIIe siècle il y en avait sur le littoral du Pas-de-Calais? Un passage d'une charte de Charles-le-Chauve en faveur de l'abbaye de Saint-Bertin, rend la chose plus probable pour le IXe siècle [2].

Maintenant il nous faut descendre jusqu'au règne de François Ier pour rencontrer quelque lumière relative aux haras. Un savant distingué, M. Émile Delalo, de Mauriac (Cantal), possède dans ses papiers une copie ou peut-être un projet de lettre, sans date et sans signature, d'une écriture du XVIe siècle. On y lit : « Sire, quand vous estiés en Auvergne, il vous pleut me faire ceste honneur de me dire que vous voulhés dresser ung haras de grans chevaulx aux montaignes d'Auvergne, et me semble que n'avés guyères lieux en vostre royaulme qui soit mieulx pour ce faire ne pour y metre une grand' quantité de jumens. Et s'il vous plaist me faire ceste honneur de m'envoyer le nombre qu'il vous plerra, je les logeré si bien que vous ne vous donrez de guarde, que vous aurez un si grand nombre de chevaulx qu'il ne fauldra point les aller chercher hors de vostre royaulme : que me semble que seroit un gros proffit pour vostre gendarmerie.

» Sire, le povre Verhard boysteux le vous heust dit et il a longtemps, et dernierement que vous partites de Paris avecques l'empereur; mais il ne se ousa approscher de vous, parce qu'il estoit si très-malade qu'il n'esperoit jamais plus de vous veoyr, etc. » Quoique cette lettre ne soit pas datée et qu'il n'y ait pas d'adresse, son propriétaire croit qu'elle a été écrite sous François Ier, peu après l'année 1540. En effet, François Ier n'est-il pas le seul des rois du XVIe siècle qui soit venu en Auvergne (1533) et qui ait reçu la visite de l'empereur (1540)? On ne connaît rien qui puisse prouver que le projet de l'établissement d'un haras dans la haute Auvergne sous le roi-chevalier ait reçu son exécution, et il nous faut passer maintenant à son fils Henri II pour retrouver la trace des haras royaux, qui nous occuperont désormais. Ce prince, dès son jeune âge, ayant beaucoup aimé les chevaux, en avait toujours un grand nombre, soit aux Tournelles, où était sa principale écurie, « à Muns [1], à Oyron, chez M. le grand escuyer de Boissy, et la pluspart quasi, voire des meilleurs, estoient de ses haras, qui se plaisoit à les bien entretenir [2]. » Un jour, ajoute l'historien, le roi fit voir ses chevaux au grand écuyer de l'empereur, et celui-ci avoua que les écuries de son maître n'étaient pas aussi bien montées. Il faut croire alors qu'elles étaient bien inférieures à celles du roi de Pologne. Choisnin, racontant la visite qu'il fit en 1572 à un seigneur polonais qui habitait à une lieue de Knichin et n'avait pas plus de trois à quatre mille florins de revenu, remarque « qu'il avoit l'escurie bien fournie et garnie de beaux et bons chevaux, outre le haras qui estoit grand. » En finissant, il assure que Sigismond, père du dernier roi, avait cinq mille chevaux dans ses écuries [3].

Henri III, que Choisnin avait suivi en Pologne, était fort préoccupé de ce qui concernait les chevaux. Ce fut par ses ordres que Jean Heroard, conseiller et médecin ordinaire du roi, composa un traité intitulé *Hipposto-logie, c'est-à-dire, Discours des os du cheval,* qui fut imprimé à Paris, en 1599 [1].

Pendant les guerres civiles, les haras du roi furent presque entièrement négligés. Le seul qu'on eut soin d'entretenir, quand la paix revint, fut celui de Meun, en Berry. On trouve dans les Mémoires de Sully, année 1601, une lettre de Henry IV, par laquelle le roi lui or-donne de faire venir des poulains de son haras de Meun [2]. En 1604, le duc de Bellegarde, grand écuyer, fit trans-férer le haras de Meun à Saint-Léger.

Sous Louis XIII, il parut dans un pays voisin de la France, sur le sujet qui nous occupe, un volume qui mérite au moins d'être mentionné ici, ne fut-ce qu'à cause de la langue dans laquelle il est écrit. Il est inti-tulé : *Philippica, ou Haras de chevaux,* et a pour auteur Jean Taquet, escuyer, seigneur de Lechesne, de Helst, etc. [3]. C'est tout ce que nous en pouvons dire.

On se préoccupait cependant chez nous de la ques-tion chevaline. Un économiste du temps en fit l'objet d'un volume, qu'il intitula : « *Mémoires pour l'établis-sement des haraz en France, afin d'empescher le trans-port d'or et d'argent qu'on sort du royaume, pour les chevaux venant en France, d'Allemagne, Dannemark, Espagne, Barbarie et autres pays estrangers, lequel argent excède plus de cinq millions par chacun an* [4]. »

Ces Mémoires ne paraissent pas avoir produit beaucoup d'effet en haut lieu, bien qu'alors les chevaux ne fussent pas toujours assez nombreux pour les besoins de la cavalerie[1]; ce n'est qu'environ un quart de siècle après, vers 1663, que Louis XIV songea à réaliser les plans de l'auteur anonyme. La circulaire suivante, que personne ne nous blâmera de donner en entier, montre de quelle manière le grand roi s'y prit pour inaugurer la restauration des haras : « Le roy, y est-il dit, ayant estimé que le restablissement des haras dans les provinces de son royaume est fort important à son service et avantageux à ses sujets, tant pour avoir en temps de guerre le nombre de chevaux nécessaire pour monter sa cavallerie que pour n'estre pas nécessité de transporter tous les ans des sommes considérables dans les païs estrangers pour en acheter, a résolu d'y appliquer une partie des sommes que S. M. donne à la conduite de son Estat et à tout ce qui peut le rendre florissant. Et pour cet effect elle a fait choix du sieur de Garsault, l'un des escuyers de sa grande escurie, pour aller dans toutes les provinces du royaume reconnoistre l'estat auquel sont lesdits haras, les moyens qu'il y a d'en establir de nouveaux, et pour y exciter la noblesse. Et comme ledit sieur de Garsault a un ordre particulier de visiter exactement la Bretagne, où ils estoient autrefois les plus abondans, je vous conjure de luy donner toute l'assistance qui peut dépendre de l'autorité qui vous est commise, pour se bien acquitter de sa commission[2]. »

Cette circulaire s'adressait particulièrement aux commissaires départis dans le Bourbonnais, l'Auvergne, la Normandie, la Bretagne, le Poitou et le Limousin. En 1672, Colbert écrivait à du Plessis : « J'ay reccu le procès verbal que vous avez fait de la visite des estalons de la généralité d'Alençon... Je suys bien aise d'apprendre qu'il y ait eu 1,151 cavalles couvertes cette année. Ne manquez pas de continuer à visiter souvent lesdits estalons, et de prendre garde qu'ils soient bien nourris pendant cet hiver, en sorte qu'au printemps prochain ils soient en estat d'augmenter toujours cet establissement[1], » etc.

Dans l'intervalle, Louis XIV faisait venir de Provence, c'est-à-dire sans doute d'Afrique, des chevaux barbes pour fortifier les haras particuliers de la noblesse; mais il prenait ses précautions pour que ses soins ne fussent pas stériles.

Le 13 juillet 1663, Colbert écrivait à M. de Garsault : « ... J'ay déjà escrit en Provence, par ordre du roy, pour avoir des barbes, lesquelz serviront d'estallons; mais auparavant que S. M. en fasse distribuer aux gentilshommes, elle sera bien aise de voir quelque progrès dans son dessein; c'est-à-dire que tout de bon ils nourrissent une quantité considérable de cavalles. Néantmoins, si vous estimiez qu'il seroit bon de donner dez à présent quelques estallons à quelques-uns d'entr'eux, vous pourrez les leur promettre, et me faire sçavoir leurs noms, afin d'en rendre compte à S. M.[2] »

Deux ans après, à pareille époque, de Fortia, intendant en Auvergne, écrivait à Colbert : « Pour les haras, on verra l'année prochaine quelque utilité de cest establissement. Je ne croy pas que S. M. doive envoyer davantage de chevaux, que je n'aye engagé beaucoup de gentilshommes de mettre dans leurs mettéries des cavalles plus fortes qu'elles ne sont, qui est, à mon avis, le meilleur moyen d'augmenter et rendre considérables en beauté les chevaux[1]. »

Mais, à ce qu'il paraît, ce n'était pas chose facile que d'engager la noblesse d'entrer dans une voie nouvelle; un autre intendant, Chamillart, nous l'apprend dans une lettre envoyée l'année suivante de Bayeux à Colbert : « J'ai eu l'honneur de vous escrire qu'en faisant le département, je disposerois plusieurs gentilshommes et autres à eslever des haras, et en effect j'ay parole de douze personnes de différentes conditions et des principaux, de vouloir satisfaire aux intentions de S. M. ; mais je dois vous observer que, comme ils trouvent plus de profit à engraisser des bœufz dans les herbages, ou mettre des moutons dans les bruières, j'ay eu assez de peine à les persuader. J'ay escrit à ce subjet à M. Tubeuf, intendant en Languedoc, pour sçavoir de luy dans lequel temps je pourrois envoyer achepter des barbes, et j'ay en mesme temps donné ordre à un homme à Paris d'en achepter dans les académies et dans les escuries des grands seigneurs autant qu'il en pourroit trouver. J'espère que cest establissement réussira[2]. »

Le 17 août 1665, le Conseil du roi avait rendu un arrêt en conformité avec les mesures exposées dans la correspondance administrative du règne de Louis XIV. Il portait que ce prince voulait prendre dorénavant un soin particulier de rétablir les Haras ruinés par les guerres et les désordres passés, « mesme les augmenter de telle sorte que ses sujets ne fussent plus obligés de porter leurs deniers dans les pays estrangers [1]. » C'est ce que disait Quenbrat Calloet sur le titre même de l'*Advis* publié à Paris en 1662 [2].

Le même intendant Chamillart écrivait de Valognes le 17 septembre 1667 à Colbert : « Comme le roy désire restablir les haras de ceste province, j'ay cru que vous trouveriez bon que je vous rendisse compte de la foire Saint-Floxel, qui a esté tenue aujourd'hui à une lieue de ceste ville, où j'ay envoié exprès différentes personnes, qui m'ont raporté qu'il y avoit quantité de chevaux jusques au nombre de 2,000, dont il s'en est vendu très-peu. J'apréhende que cela ne refroidisse les gentilshommes et autres qui commençoient à prendre soin d'en eslever. Je me suis souvent informé si les barbes qu'il a pleu au roi envoyer avoient réussi. J'aprens que chacun a esté curieux d'en tirer des poulains. Il seroit à souhaiter qu'ils fussent d'une taille plus avantageuse, parce que la pluspart des chemins de cette province estant fort rudes, lesdits chevaux deschargez de médiocre taille sont ruinez en fort peu de temps. Il sera à propos, si S. M. en distribue encore quelques-uns en cette province, qu'ils soient de taille plus eslevée [3], » etc.

Deux ans après, Louis XIV envoyant chercher des chevaux de l'autre côté du détroit, songeait à tirer parti

7

de cette mission dans l'intérêt des haras. Le 7 mars 1669, il écrivait à Colbert : « Je fais estat d'envoyer le sieur de Garsault en Angleterre, non-seulement pour y acheter quelques chevaux pour moi, mais encore pour y observer tout ce qui se pratique dans les haras de ce royaume [1], » etc.

De son côté, le grand ministre continuait à marcher résolument dans la voie du progrès. Le 25 juillet 1670 il écrivait à l'intendant Marin de la Châtaigneray : « Vous estes informé de l'application que S. M. a donnée depuis cinq ou six ans au restablissement des haras, et de la distribution qu'elle a fait faire de plus de 500 estalons dans toutes les généralités où les gentilshommes, principaux officiers et habitans des villes et les païsans, ont voulu travailler à les restablir ; et tout le monde commence à reconnoistre que le général et le particulier du royaume qui s'y sont appliquez en retireront de l'utilité ; mais comme vous ne m'avez point escrit sur ceste matière, et qu'il n'y a encore aucun estalon de distribué dans vostre généralité, je ne sçay si vous y avez pensé. Ne manquez pas de me le faire sçavoir, et dans les visites que vous ferez excitez les gentilshommes à s'y porter, et, en ce cas, je vous envoyeray des estalons. Continuez toujours à chercher tous les moyens possibles pour augmenter le nombre des bestiaux [2]. »

Le marquis de Seignelay écrivait le 23 décembre 1609 au comte de Pontchartrain : « La sixième [chose ordonnée par le roi] regarde le payement du haras de Saint-Léger, dont le sieur Garsault n'a rien touché il y a plus de dix-huit mois. Comme cet homme n'est pas riche, il n'est pas en estat de continuer des avances aussy considérables [1]. »

Nous avons ici le grand-père d'un capitaine des Haras de France, qui s'est occupé de bien d'autres choses que des chevaux et de ce qui s'y rattache [2]. Ceux qu'une pareille étude intéresse estiment en lui l'auteur du *nouveau parfait Maréchal,* si souvent réimprimé [3], de l'*Anatomie du cheval,* traduit de l'anglais de Snap [4], du *Guide du cavalier* [5] et du *Traité des voitures* [6].

Dans le *Traité du Haras,* qui fait partie du premier de ces ouvrages, l'auteur a inséré un Extrait de plusieurs lettres du roi et de M. Colbert, au sujet du rétablissement des Haras, lettres qu'il avait trouvées dans les papiers de son aïeul; elles concourent, avec la Correspondance administrative sous le règne de Louis XIV, à témoigner combien ce grand ministre était ardent à ce qui pouvait contribuer au bien de l'État, et en particulier à l'établissement des Haras, qu'il regardait avec raison comme essentiel dans le royaume. « Il est vrai, ajoute Fr.-A. de Garsault, que depuis M. Colbert, ce projet si bien commencé ne s'est pas continué avec le même zèle, ce qui a été cause que, dans les deux dernières guerres de 1688 et de 1700, on a été obligé d'acheter des chevaux chez l'étranger, et la somme qu'on y a employée a monté à plus de cent millions [7]. »

Colbert avait donné particulièrement l'ordre à M. de Garsault de visiter en détail la Bretagne, où les haras se trouvaient autrefois en plus grand nombre; en même temps, il faisait écrire par le roi au marquis de Boision, gouverneur de Morlaix, pour l'exhorter « de travailler incessamment, non-seulement au rétablissement desdits Haras, aux endroits où il y en avoit déjà, mais aussi d'en faire de nouveaux aux lieux où les pâturages sont propres pour cet effet. » Le monarque insiste sur ce point, « que, comme à présent il est très-difficile de trouver des chevaux capables de bien servir, l'on est contraint d'en aller chercher dans les pays étrangers [1]. »

Plus tard, Colbert écrivait au duc de Chaulnes, gouverneur de la Bretagne : « Comme vous n'avez pas manqué, dans la visite que vous avez fait, de remarquer le fruict que les bons estalons que le roy y a envoyés ont produit dans la province, S. M. désire que les Estats fassent un nouveau fonds pour employer à l'achapt d'autres estalons, affin d'augmenter et perfectionner de plus en plus ce nouvel establissement [2]. »

Par ce dernier mot il ne paraît pas qu'il faille entendre un lieu spécial destiné à loger des étalons et des juments pour élever des poulains, comme celui au sujet duquel Colbert écrivait au duc de Chaulnes le 25 août 1671 : « La proposition que vous faictes de mettre un haras dans les forests de Rennes, peut estre bonne, et, comme il est bien plus facile de redresser et perfectionner ce qui est desjà estably que de faire de nouveaux establissemens, j'estimerois bien plus à propos de nous attacher premierement à mettre toute la quantité necessaire de bons estalons dans les eveschez où il y en a desjà esté envoyé, que de penser à présent à faire des establissemens nouveaux. Neantmoins, si vous avez quelqu'un en main qui fasse sur cela quelque proposition avantageuse à la province, S. M. y donnera asseurément son approbation et sa protection [1]. »

Quels fruits portèrent tous ces soins? la suite de la correspondance où nous puisons va nous le faire connaître. Colbert, maître des requêtes, écrivait de Falaise, le 17 août 1672, à son illustre parent : « J'ay icy trouvé M. de Garsault et ay visité avec luy les escuries de la foire de Guibray, où nous avons remarqué que la pluspart des chevaux qui sont à ladite foire sont bretons, de fort petite taille, grosses testes et courtes encolures, mais d'ailleurs bien faits de corps et de jambes; entre lesquels il ne s'en est trouvé que quatre sortis des estalons du roy, qui ont esté assez cher vendus aussy tost qu'ils ont esté arrivés à ceste foire, tant à cause de leur beauté que taille advantageuse et espérance de leur augmentation, n'estant aagés que de trois ans, et les raisons que les marchands ont dit de ce qu'ils n'en avoient pas ameiné davantage ont esté que les paysans avoient d'abord eu peine à se résoudre de meiner leurs cavalles aux estalons que le roy a faict establir en Bretaigne, attendu qu'elles estoient de trop petite taille pour de si grands chevaux, et qu'ils avoient appréhendé que les poulains qui proviendroient de leurs cavalles ne leur fussent enlevés, de laquelle chimérique appréhension ils commencent à se détromper, les marchands disant qu'ils ont une quantité de beaux poulains d'un an, ainsy que de laict, de ceste année.

» Et à l'esgard des poulains qui pourroient venir du
Cotentin, les marchands disent que les gentilshommes
les enlèvent de dessoubs la mère pour les eslever avec
plus de soings que ne feroient les paysans, joinct qu'ils
réservent leurs poulains pour les mener à la foire de
Sainct-Flecelles en Cotentin, à cause qu'ils sont trop
éloignés de celle de Guibray.

» Ledit sieur de Garsault est party de ceste ville pour
s'en aller avec le sieur du Plessis visiter les estalons de
cette généralité, et j'espère les rejoindre à Verneuil ou
à Mortaigne, affin de considérer sur ce qui est à faire
touschant l'augmentation de cet establissement, fort
avantageux à ceste province[1]. »

Une lettre de Colbert à M. de Garsault, en date du
29 août 1670, lui avait tracé des instructions qui n'a-
vaient point cessé d'être de saison : « J'espère, disait
le ministre, un grand fruit du voyage que vous allez
faire, et de l'application que vous donnerez à mettre les
Haras dans le bon état que l'on peut souhaiter. Pour
cet effet, excitez fortement les commissaires qui sont
établis dans les provinces à bien faire leur devoir, et
attachez-vous surtout à persuader aux peuples que le
roi n'a d'autre dessein que de rétablir la race des bons
chevaux dans son royaume, en leur faisant perdre la
pensée qu'ils ont que Sa Majesté prendra pour elle les
poulains qui viendront des étalons. Et pour plus facilement venir à bout de leur ôter toutes les mauvaises
impressions qu'ils peuvent avoir, il faudra de temps en
temps, dans les foires des provinces, acheter pour Sa

Majesté les plus beaux poulains qui seront venus des étalons; et outre le prix que vous en payerez, il faudra encore donner un prix particulier de cent écus ou de quatre cents livres à celui qui aura eu le plus beau poulain, et trois ou quatre actions de cette nature persuaderont plus que toute autre chose. Je crois même qu'il sera bon que vous indiquiez en chaque province une foire pendant l'hiver ou au commencement du printemps, dans laquelle vous vous trouverez, ou quelqu'un qui y sera envoyé à votre place, pour faire le choix du plus beau poulain. Surtout ne manquez pas de publier le dessein de Sa Majesté dans tous les lieux où vous passerez, » etc. [1].

On voit, plus que ne l'a montré l'historien de Colbert [2], l'importance que ce ministre attachait à l'amélioration des races de chevaux en France, et la manière dont ses efforts étaient secondés par les intendants de provinces et les autres agents de l'administration placés sous ses ordres. Il écrivait encore à l'un d'eux, en octobre 1681 : « Je suis bien aise que vous soyez allé à la foire de Maliargues, et que vous ayez trouvé un très-grand nombre de bestiaux, et les peuples contens. Il faut tousjours travailler à l'augmentation des bestiaux par tous les moyens possibles, et au soulagement des peuples... Appliquez-vous plus que vous n'avez fait jusqu'à présent à ce qui concerne le restablissement et l'augmentation des Haras, et pensez que c'est une matière qui peut estre d'un grand advantage aux peuples, et que vous avez un peu trop négligée jusqu'à present [3]. »

Le 28 octobre 1683 fut publié l'arrêt du Conseil concernant le rétablissement des Haras du royaume. Nous avons vu qu'un arrêt avait été rendu à ce sujet dix-huit ans auparavant, pendant l'administration de Colbert : celui de 1683 eut donc pour objet de donner une nouvelle vigueur à son aîné[1].

A partir de ce moment, l'administration des Haras du royaume est constituée, et les règlements, les instructions se succèdent. En 1717, l'Imprimerie royale en publiait un recueil de 154 pages in-4°, suivi, à sept ans de distance, par un *Règlement du roy* sur le même sujet, en 175 pages[2]; et dans la même année 1724, un Italien nommé Alfonso Guerini faisait paraître à Cambrai un *Détail instructif du Haras, où l'on voit tout ce qu'il y a à observer pour la réussite de son établissement et de sa continuation*[3]. Il est à croire que c'est la même pensée qui inspira la publication faite à Rennes, en 1755, par l'imprimeur Vatar, du *Recueil contenant les Déclaration, Règlemens, Lettres-Patentes, Arrêts du Conseil d'État du roy, Mémoires du Conseil du dedans du royaulme, et Délibérations des États de Bretagne, avec les Mémoires, Instructions et autres Pièces touchant l'administration des Haras de cette Province*[4]. Trois ans après, l'imprimeur Barbou publiait à Limoges le *Règlement du Roy, et Instructions touchant l'administration des Haras du Royaume*[5].

La haute Auvergne avait alors la réputation de produire les meilleurs chevaux de France[6], réputation bien ancienne, si l'on peut tirer une pareille conclusion de deux passages de Sidoine Apollinaire, l'un où il vante la supériorité des cavaliers arvernes, l'autre dans lequel il cite un nommé Vectius comme sans rival dans l'art de dresser les chevaux, les chiens et les éperviers[1]. Bornons-nous donc maintenant à ce qui se rapporte aux haras de cette province.

Avec M. Delalo, je crois me souvenir avoir lu quelque part que des haras avaient été établis en Auvergne sous le roi Charles IX. Quoi qu'il en soit, il est certain, et cela résulte de divers documents, qu'au moyen âge et dans les temps modernes on élevait beaucoup de chevaux dans la haute Auvergne, et que la noblesse, qui était nombreuse, mais pauvre, se montait avec des élèves qu'elle faisait dans ses terres. D'après ce qu'écrivait M. de Fortia à Colbert, on voit que, dès 1665, Louis XIV envoyait des étalons dans les haras de ce pays pour augmenter et améliorer l'espèce.

Dans un Mémoire concernant la province d'Auvergne, dressé par ordre de Monseigneur le duc de Bourgogne en 1697-98 par Lefèvre d'Ormesson, cet intendant consacre un chapitre entier aux haras; j'en extrais ce qui me paraît essentiel, je copie et n'analyse pas : « Ces haras, dit le rapporteur, ont été négligés pendant quelque temps; mais ils se rétablissent. Comme les pacages sont fort propres pour les poulains et pour les juments, et que les chevaux d'Auvergne sont forts, pourvu qu'on les attende, c'est-à-dire qu'on les ménage jusqu'à dix ans, après quoi ils sont dans leur force et en état de servir encore huit ou dix années, il est à croire que le pays en tirera de l'utilité. Les poulains de deux ans s'y vendent quelquefois jusqu'à 25 pistoles.

» Le roi a fait espérer qu'il enverroit dans peu une centaine de cavales. Il seroit nécessaire qu'on envoyât une trentaine de chevaux pour servir d'étalons. Les chevaux de Danemark sont ceux que l'expérience a fait connoître avoir mieux réussi dans cette province.

» Aux environs des montagnes du Mont d'Or, le pays est très-propre pour produire des chevaux vigoureux, nerveux et les meilleurs du royaume, n'étant pas sujets aux fluxions, mal des yeux, ni à tous les maux qui arrivent dans la partie du jarret.

» Dans les montagnes de l'élection de Riom, d'Issoire et de Brioude, il y a des cavales de bonne taille dont les paysans prennent beaucoup de soin. Les chevaux d'Espagne et des barbes épais réussiroient très-bien pour tirer de bons chevaux de ces cavales.

» Dans la Limagne, qui est dans les élections de Riom et de Clermont, les pacages sont marécageux et les cavales propres à produire des chevaux à deux mains; mais, pour y réussir, il faudrait avoir des roussins qui aient de la finesse dans la tête et dans l'encolure, car les cavales du pays ont la plupart la tête un peu grosse et l'oreille large[1].

» Il se tient tous les ans à Mauriac une foire considérable pour les chevaux, et il s'y en fait un grand débit, surtout de poulains[2]. »

Plus d'un siècle et demi plus tard, l'élève des chevaux était devenue très-florissante dans la province. Voici ce qu'on lit dans le mémoire intitulé *État de l'Auvergne en 1765, présenté à M. de Laverdy, contrôleur général des finances, par M. de Ballainvilliers, intendant d'Auvergne* : « Il subsiste en Auvergne un établissement pour les haras ; il est divisé dans la haute Auvergne et dans la basse... On compte actuellement dans la haute Auvergne (le Cantal) 67 étalons, et dans la basse, 53. Il y a une différence à faire entre la haute et la basse Auvergne, sur le produit des chevaux qui proviennent des étalons : ceux de la haute Auvergne ont plus de finesse et de grâce, sans doute par la raison que le climat y est plus vif, et le suc des herbes y est moins épais. Ces chevaux sont communément destinés pour la selle, ou pour faire des chevaux de maître.

» Ceux qui naissent dans la basse Auvergne sont un peu plus épais et n'ont pas les jambes bien déliées ; ils sont propres au trait, et peuvent aussi très-bien servir à monter de la cavalerie.

» Les uns et les autres sont d'une taille avantageuse, et ont de la supériorité, chacun dans leur espèce, sur les chevaux de plusieurs autres contrées.

» Les étalons destinés à servir les juments sont des chevaux barbes que le roi a quelquefois la bonté de faire envoyer en Auvergne. Ils sont répartis et placés dans les cantons où ils conviennent le mieux, respectivement à leur taille, à leur espèce et à la qualité des juments. Les autres étalons, qui sont en bien plus grand nombre, sont des chevaux du pays, venus aussi d'étalons, et choisis sur ce qu'il y a de mieux en ce genre.... Ceux qui tiennent tous ces étalons jouissent chacun d'une gratification annuelle sur leurs impositions, réglée pour l'Auvergne à la somme de 80 livres, et d'une rétribution de 3 livres et d'un boisseau d'avoine pour le saut de chaque jument.

» De cet établissement dépend aussi celui des baudets, autrement bourriquets, ou animaux qui par le concours des juments produisent des mulets. Cette partie entre dans l'administration qui se rapporte aux haras; mais l'effet qu'elle rend n'est pas considérable [1]. »

Avant d'aller plus loin, je demande à présenter ici une remarque historique du genre de celles qui précèdent. Un chroniqueur ancien, Geoffroi, moine du Vigeois, nous montre, dans les environs de Pompadour, Pierre de Pierre-Buffière monté sur un mulet, quelques lignes plus bas appelé *palefroi* [2]; ailleurs on voit, en 1177, Audebert, comte de la Marche, vendre au roi d'Angleterre la totalité de son comté pour quinze mille livres de la monnaie d'Anjou et vingt mulets et palefrois [3] : déjà produisait-on, dans le voisinage, de ces sortes d'animaux? Mais revenons à notre sujet au point où nous l'avons laissé.

Outre le privilége accordé au garde-étalon, le palefrenier qui soignait les chevaux reproducteurs dans la haute Auvergne était exempt de la milice. Une autre meilleure mesure prise par l'administration d'alors, c'était d'acheter les poulains à l'âge de six à huit mois : l'éleveur était, par ce moyen, à l'abri de toutes les chances, et c'était pour lui un puissant encouragement.

M. Delalo possède quelques registres de saillies de la station de Mauriac, et il résulte de leur inspection qu'il n'y avait pas, avant 1789, un propriétaire petit ou grand, pas un fermier ou un métayer qui n'eût une ou plusieurs juments poulinières livrées au cheval.

Après la Révolution, sous l'Empire et pendant les premières années de la Restauration, on élevait encore beaucoup de chevaux dans le département du Cantal, principalement dans l'arrondissement de Mauriac; cette fraction de la race auvergnate avait beaucoup de sang et se rapprochait, par les formes, de la race limousine, qu'au XVIIᵉ siècle, un capitaine de cavalerie dans le régiment des cuirassiers espagnols du comte de Louvignies, caractérisait d'un mot, quand après avoir dit qu'Énée coupe la main gauche au brave Anxur, il ajoute :

Main utile quand on chevauche;
J'entens chevauche un Limosin,
Semi-frère d'Andalousin [1].

« J'ai vu dans ma jeunesse, m'écrit M. Delalo, des chevaux très-remarquables. Mon père, qui était au nombre des éleveurs, a eu deux chevaux, entre autres, dont l'un fut acheté en 1810 pour les écuries de l'Empereur Napoléon Iᵉʳ; un autre est demeuré très-longtemps au dépôt d'étalons d'Aurillac, et a eu des produits remarquables, qui se sont vendus jusqu'à 1,500 francs. Mon père n'était pas le seul à se distinguer ainsi : j'ai connu dans nos environs de fort bonnes poulinières, dont les produits étaient très-recherchés. »

Si les chevaux de la haute Auvergne méritaient autrefois cet honneur, on peut dire que ce sont encore aujourd'hui d'excellents chevaux. Élevés sur un terrain accidenté, ils s'accoutument dès leur jeunesse à toutes les positions, à toutes les allures; exposés aux intempéries d'un climat très-variable, nourris dans les pâturages pendant l'été, au foin et à la paille pendant l'hiver, ils sont tout à la fois sobres et robustes, et résistent également bien aux fatigues. Les chevaux achetés dans le département du Cantal pour la remonte de la cavalerie, sont ceux qui ont le mieux résisté dans la campagne de Crimée. « Ces qualités, ainsi que le fait observer l'obligeant correspondant que j'ai déjà tant de fois cité, tiennent, je crois, autant et plus à l'éducation qu'à la race; car notre race n'existe plus : je l'ai vue succomber aux croisements les plus opposés. On a tout essayé dans le Cantal : chevaux danois, espagnols, anglais, barbes, arabes, normands. Il est résulté de tous ces croisements inconsidérés, que notre race a disparu, qu'il y a encore quelques bons chevaux pour la cavalerie légère, mais que l'on ne voit plus de chevaux de tête comme autrefois. Une autre cause a découragé les éleveurs : c'est qu'il est à peu près certain qu'il n'y a qu'à perdre à élever des chevaux. Il faut les garder jusqu'à quatre ans, et s'attendre à une infinité de risques. Si l'on a deux poulinières fécondes dans une ferme, on a constamment huit ou dix bêtes sur les bras. Si quelques poulains réussissent et payent largement leur nourriture, d'autres échouent et se vendent à vil prix. En-

fin, il y a beaucoup de chances à courir : la plus petite tare fait d'un cheval de deux mille francs une bête
que l'on a de la peine à vendre trois cents. Les chevaux,
quand ils ont des qualités supérieures, se vendent diffi-
cilement ; il faut les conduire dans les grandes villes,
faire des dépenses considérables de temps et d'argent. L'Auvergnat, qui est réfléchi et qui sait compter, a vu qu'il élevait des chevaux en perte ; il a reconnu
que l'élève du mulet donnait un produit plus avantageux, et que, vendant les poulains à six mois, il était à
l'abri des chances de perte. Il s'est donc mis à faire des
mulets, dont les prix, à six mois, varient de 160 à
400 francs. On peut avoir un plus grand nombre de
poulinières sans surcharger son écurie ; enfin, le débit
des jeunes mulets est facile et sûr. M. de Ballainvilliers
constatait, en 1765, qu'on se livrait peu à l'élève du
mulet, alors très-florissante en Poitou [1]. Il n'en est pas
de même aujourd'hui : dans la haute Auvergne, c'est l'é-
lève du cheval qui forme l'exception ; encore ne livre-
t-on au cheval, à peu d'exceptions près, que les juments
qui ne réussissent pas avec le baudet ; et cependant c'est
dommage ; car de nos jours comme sous François Ier,
« il n'est guyères de lieux en ce royaulme qui soit mieulx
pour ce faire. »

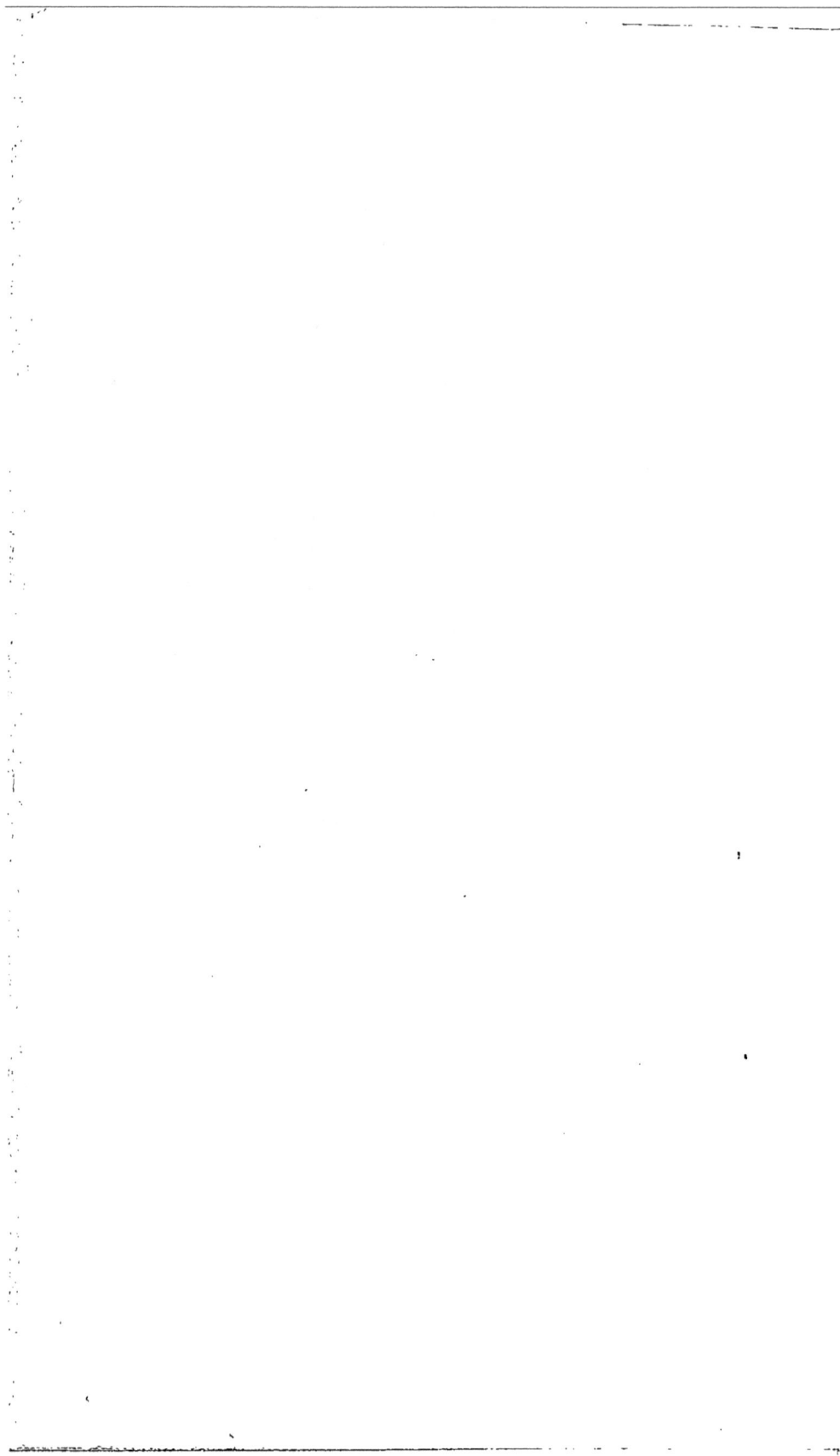

CHAPITRE VI.

CONCLUSION.

Résumé de ce qui précède. — État présent de la richesse chevaline en France. — Attaques dirigées contre l'administration des Haras ; Analyse de la brochure de M. le baron de Pierres et de la réponse de M. Houël ; *Question chevaline, Encore la Question chevaline,* par M. le comte d'Aure. — Nécessité du maintien et de la réorganisation des Haras. — Plan proposé pour arriver à ce but ; Direction générale des Haras et Remontes ; Rétablissement des jumenteries et de l'École des Haras, avec adjonction d'une École de palfreniers. — Où il faut aller chercher des étalons ; Impropriété de l'expression de *pur sang* appliquée aux chevaux anglais ; Résultats des courses. — Supériorité du cheval arabe comme cheval de guerre. — Opinion de M. Delamarre sur l'étalon de course. — Maintien des courses.

« Jusqu'à présent, je parlais de choses que je connaissais assez bien, et où la faiblesse de ma parole était du moins soutenue par d'anciennes études. Maintenant, je vais parler de choses que je sais à peine, que j'apprends à mesure que je les dis : j'ai besoin d'une double indulgence [1]. »

En quête d'un exorde pour aborder une tribune où je suis inconnu, je ne pouvais mieux faire que d'emprunter les paroles d'un maître autorisé ; seulement, quand il les prononçait, il était dans l'exercice de ses fonctions, tandis que moi, je ne saurais présenter cette excuse.

Dans les pages qui précèdent, on a pu voir, au milieu

8

d'un grand nombre de curiosités historiques relatives au cheval, que si, dès les temps les plus anciens, l'élève de cet animal a constamment été la préoccupation des grands propriétaires fonciers, il ne paraît pas que leurs soins aient jamais obtenu d'autres produits que des chevaux de charge et de trait. Quant aux chevaux de guerre, ils nous venaient en grande partie de l'étranger, surtout d'Espagne; et ce devait être un lourd impôt pour nos ancêtres, qui en payaient déjà tant d'autres pour les épices, les soieries et les marchandises que l'Orient était alors en possession de nous fournir.

On connaît les efforts que fit Henri IV pour alléger les charges qui, en ce genre, pesaient sur ses sujets, et les échecs qui en furent le prix. Sans se laisser décourager, Louis XIV reprit la tâche de son aïeul au point où, arrêté par la mort, il l'avait laissée, et, entre autres établissements d'utilité publique, l'administration des Haras fut fondée.

A cette époque, la population chevaline, d'après les statistiques, se composait d'environ 2,000,000 d'individus, auxquels il faut ajouter 3,239 étalons placés sous la surveillance de l'administration.

La révolution de 1789 mit fin aux Haras comme à tant d'autres institutions, et l'on put constater une notable diminution dans la production des chevaux, au moment même où plus que jamais la France, en butte aux attaques d'une formidable coalition, avait besoin de cavalerie. Aussi, dès le commencement de ce siècle, l'empereur Napoléon Ier songea à reconstituer les Haras, et en 1806, la nouvelle administration commença à fonctionner. Il détermina par un décret qu'il y aurait dans les établissements spéciaux 1,825 étalons [1].

Aujourd'hui, la richesse chevaline de la France est d'un tiers plus grande que sous Louis XIV; on peut l'évaluer à 3,000,000 de têtes environ ; elle se renouvelle par dixième ; 600,000 juments livrées à la reproduction donnent annuellement 350,000 poulains, dont 50,000 n'atteignent pas l'âge de quatre ans.

L'administration des Haras, aux travaux de laquelle le pays est redevable de ces résultats, ayant, après beaucoup de tâtonnements inévitables, adopté un système fixe qui promet plus qu'il n'a pu tenir encore, se voit menacée dans son existence par des adversaires qui, comme certain personnage de comédie, au besoin l'auraient défendue. C'est dire que ce sont des amateurs de chevaux, de grands propriétaires, en un mot des hommes parfaitement qualifiés.

Le premier, si ce n'est en date, au moins par la haute position qu'il occupe, M. le baron de Pierres a élevé la voix pour demander que l'État retirât sa main de la production des chevaux et abandonnât à l'industrie privée cette branche des services publics. Pareil à ces guerriers d'autrefois qui ne marchaient à l'attaque d'une place qu'à l'abri d'un fort bouclier, M. de Pierres débute par citer ces paroles de l'Empereur Napoléon III, qui ne trouveront pas de contradicteur : « Il faut éviter cette tendance funeste qui entraîne l'État à exécuter lui-même ce que les particuliers peuvent faire aussi bien et mieux que lui. » L'avocat de l'un des deux systèmes en présence voit dans ces paroles la solution complète de la question de l'industrie chevaline.

De ces deux systèmes, l'un consiste à laisser au Gouvernement, c'est-à-dire à l'administration des Haras qui le représente, la possession et l'entretien des étalons nécessaires à la reproduction ; l'autre, à supprimer cette administration et à laisser à l'industrie privée la charge de continuer l'œuvre commencée, moyennant la protection et les encouragements de l'État.

Dans le premier système, qui implique l'idée d'un monopole, l'action directe par l'État se limite suivant les variations du budget ; le second système, celui de l'industrie privée, qui implique l'idée de liberté, est celui que M. de Pierres croit le meilleur, et dont l'application sincère lui paraîtrait aussi féconde en bons résultats.

Parlant ensuite du rétablissement de l'administration des Haras par l'Empereur Napoléon Ier, l'écrivain ne voit dans ce fait qu'une mesure de transition, et nullement l'intention d'immobiliser dans le sein de ce corps l'industrie du cheval ; il ajoute qu'après l'Empire, l'industrie privée, loin de rester stationnaire, marcha, quoique dans une progression proportionnée aux circonstances, de façon à prouver que son mouvement d'émancipation allait se prononcer dans toutes ses branches, et par conséquent aussi dans le développement des ressources chevalines. C'est alors qu'on aurait vu, s'il faut en croire l'auteur de la brochure que nous analysons, l'administration des Haras en opposition à l'esprit qui avait concouru à sa création, faire concurrence aux propriétaires d'étalons, en un mot songer beaucoup plus à son existence comme corps qu'aux intérêts qui lui avaient été confiés, c'est-à-dire à l'accroissement et surtout à l'amélioration de la race chevaline en France. Toutefois, ce reproche n'empêche pas l'écrivain de reconnaître les services que l'adversaire qu'il combat a rendus, et il se défend de vouloir amoindrir la sphère de son importance.

Au contraire, en compensation de l'abandon d'une action directe, il réclame pour l'administration des Haras un rôle de surveillance attentive sur le mouvement et les progrès de l'industrie du cheval; seulement, au lieu de ne gouverner que des sujets confiés à ses soins, elle aurait l'œil et la haute main sur tous les étalons de l'Empire français. Au reste, voici le détail des modifications que M. de Pierres croit utiles au développement de l'industrie chevaline :

1° Déterminer le nombre maximum des étalons de l'État, avec interdiction de le dépasser;

2° Élever la quotité et la quantité des primes accordées aux étalons et aux poulinières de l'industrie privée;

3° Cesser l'élevage, qualifié irrationnel et coûteux, du haras de Pompadour;

4° Ne laisser circuler publiquement, pour faire la monte, aucun étalon non primé, s'il n'est muni d'une autorisation;

5° Interdire en France aux administrations publiques et aux compagnies concessionnaires de l'État l'usage

des chevaux entiers, à partir d'une époque déter-
minée;

6° Élever le prix des chevaux de remonte, sans pour
cela grever davantage le budget de la guerre;

7° Encourager et multiplier, sur différents points de
la France, des écoles de dressage;

8° Enfin, donner à l'administration des Haras une
direction telle, qu'il n'y ait plus dans sa marche, dit
M. de Pierres, hésitation constante et résistance à
l'endroit de l'industrie privée, ni tendance à demander
sans cesse l'augmentation de son action directe, et par
conséquent des allocations de plus en plus onéreuses
pour le Trésor.

M. de Pierres s'attache ensuite à justifier, d'après ses
convictions, chacune des mesures qu'il vient de pro-
poser.

Sa brochure, se croisant avec celle de M. le comte
d'Aure, l'écuyer accompli, causa un grand émoi dans
l'administration des Haras, et l'on n'eut rien de plus
pressé que de repousser une attaque qui pouvait devenir fatale. Le premier, M. Houël mit la main à la
plume, je me trompe, la plume à la main, et entreprit
résolument M. le baron de Pierres dans le *Journal des
Haras* [1]. Pourquoi, s'écrie-t-il dès le début, revenir
continuellement sur des questions jugées depuis longtemps? Le pays n'a-t-il point parlé par la voix de ceux
qui le représentent, et proclamé l'utilité de l'administration des Haras comme l'impuissance de ce que vous
appelez l'industrie privée? Mais qu'entendez-vous par

ces mots? Sùrement la spéculation d'un certain nombre d'individus possédant des étalons de pur sang et autres, et qui, ne pouvant les vendre à cause de leur médiocrité, seraient bien aises de trouver moyen de les faire nourrir par l'État, sous le prétexte d'industrie particulière.

M. Houël s'élève contre ce que M. de Pierres avance au sujet de l'esprit exclusif et des tendances d'accaparement de l'administration des Haras, et, retournant contre lui la phrase par laquelle s'ouvre la brochure, « elle implique, dit-il de la première, qu'il est du devoir de l'État de faire lui-même ce que les particuliers ne peuvent pas faire aussi bien que lui. »

M. Houël part de là pour déclarer que l'industrie privée est impuissante à faire des types; il nie que l'Empereur Napoléon, en limitant le nombre des étalons devant appartenir à l'État au chiffre de 1,825, n'ait donné à l'administration des Haras qu'une importance restreinte, et il invoque, à l'appui du témoignage qu'il rend aux services de ce corps dès son début, les nombreux mémoires publiés par MM. Huzard, Louis de Malleden, les ducs de Vicence et de Cadore, Chaptal, Vincent, Tessier et une foule d'autres. La conclusion est que, loin de détruire les Haras, il faut donner une grande extension aux débris qui en restent, sous peine de ne trouver bientôt plus en France que deux espèces de chevaux : le cheval de pur sang, destiné à courir sur les hippodromes, et le cheval de trait, le seul qui donne des bénéfices positifs. Quant au cheval de guerre et au cheval de service de luxe, ceux qui en voudront iront les acheter à l'étranger ou aux étrangers, comme autrefois. « Vous fondant sur la tendance du siècle, qui est de détruire l'esprit de monopole en faveur de l'industrie, s'écrie M. Houël en s'adressant à M. de Pierres, vous opposez ces mots : *monopole des Haras,* à ceux d'*industrie privée,* pour faire croire que les Haras sont le passé, et ce que vous appelez l'industrie privée, l'avenir. Il n'en est point ainsi, Monsieur, c'est tout le contraire qu'il faut dire. L'industrie privée est le passé, et les haras de l'État seront l'avenir chez toutes nations qui auront quelque souci de leur gloire. »

Citons encore ce que M. Houël dit du droit qu'a l'État de retenir dans ses mains la production des chevaux d'un certain ordre, contrairement aux réclamations de ceux qui le voient avec répugnance entrer en concurrence avec des particuliers : « Autrefois, dit-il, le cheval était une nécessité individuelle ; c'est l'État qui doit prendre le soin des choses que l'individu n'a plus intérêt à produire. L'État encourage des artistes en créant des musées, des écoles de peinture et de sculpture, des manufactures artistiques comme Sèvres et les Gobelins : est-ce que vous ne pensez pas qu'il lui appartient de même de faire des armes de guerre? » Sachant combien ce mot *monopole* sonne mal à nos oreilles, M. Houël s'attache à démontrer que de la part de l'administration dont il fait partie et qu'il défend, il n'y a pas l'ombre d'action absorbante ou d'aspirations vers un monopole qui n'a plus sa raison d'être.

Sans nous arrêter à ce que dit M. Houël des calculs auxquels M. de Pierres s'est livré pour déterminer la part d'intérêt qui reviendra aux étalonniers, nous arrivons à une question que se pose le contradicteur de ce dernier : Quelle peut être la pensée qui le porte à sacrifier la masse des éleveurs à la spéculation de l'étalonnage? C'est un mystère dont le sens lui échappe. Mais l'État ne peut adopter un tel système, il doit prendre soin du petit comme du grand éleveur; et M. Houël nous montre la généralité des cultivateurs hostile à toute idée de substitution de l'industrie particulière à nos haras.

« Nous allons maintenant descendre un instant, continue l'écrivain, dans les écuries de l'État et dans celles de l'industrie privée, et nous en ferons la comparaison. » Naturellement, cette comparaison est toute à l'avantage des Haras, dont M. Houël est officier; mais il n'y a que cette raison pour ne pas le croire, et personne ne sera tenté de s'y arrêter.

Tout ou rien, telle est sa devise : si l'on croit que le commerce du cheval peut se soutenir seul, il faut tout supprimer à la fois : institution des Haras et institution des primes; mais si l'on reconnaît que nos fortunes sont trop médiocres pour se passer des secours de l'État, laissez vivre les Haras, et, loin de les amoindrir, cherchez à augmenter une influence qui a pour but, non la concurrence, mais l'amélioration. Laissez-les vivre, car de tous côtés on demande leur maintien et leur extension; il n'y a pas jusqu'aux étalonniers eux-mêmes qui ne les réclament, ne pouvant plus trouver d'étalons pour leur propre industrie, et les éleveurs sollicitent cette année plus de trois cents stations nouvelles.

M. Houël estime peu cette première classe d'industriels, ou plutôt les reproducteurs qu'ils emploient. Il y a, il est vrai, des étalonniers consciencieux et éclairés qui entretiennent de bons chevaux et secondent puissamment l'administration; mais ils sont l'exception, et ce n'est pas sur des exceptions qu'il faut appuyer la prospérité d'une nation comme la France.

M. de Pierres avait, par esprit de conciliation, admis le maintien d'un certain nombre d'étalons entre les mains de l'État, et, en revanche, réclamé pour l'industrie privée des primes sérieuses afin de l'encourager à marcher dans la voie du progrès. M. Houël ne veut pas entendre parler de demi-mesures, et, battant vivement en brèche les doctrines de son adversaire, il les ruine en s'aidant des conseils généraux, dont il lui lance les cahiers à la tête.

M. Houël ne souffre pas davantage qu'il soit dit que pendant la Restauration, et depuis cette époque, on vit le spectacle regrettable d'une concurrence faite aux possesseurs d'étalons par l'administration; à l'entendre, rien de plus faux. Il n'est pas exact, non plus, s'il faut l'en croire, que les chevaux de pur sang se soient améliorés sous l'influence de l'industrie particulière : tout ce qui s'est fait depuis cinquante ans en France, en fait de chevaux de ce genre, serait dû à l'action intelligente et encourageante des Haras, et les courses auraient plutôt nui à la qualité de l'espèce.

Arrivant au cheval de trait, M. Houël cherche à prouver qu'il ne peut non-seulement prospérer, mais même se soutenir que par les Haras. Relativement au cheval de demi-sang, il prend moins de temps pour combattre un adversaire forcé de convenir que cette catégorie a besoin de l'appui du Gouvernement.

La lettre à M. le baron de Pierres se termine par un examen étendu des conclusions de ce dernier. Naturellement, celle de M. Houël est toute en faveur du maintien de l'administration des Haras, amendé par l'adoption de quelques mesures nouvelles. Ainsi, le premier voudrait déterminer le nombre maximum des étalons de l'État, avec interdiction de le dépasser; le second ne voit pas d'inconvénient à cette mesure, pourvu toutefois que ce chiffre soit assez élevé pour répondre aux besoins du pays. M. de Pierres propose d'élever la quotité et la quantité des primes accordées aux étalons et aux poulinières de l'industrie; M. Houël est entièrement de cet avis, en admettant toutefois que l'État possédera par lui-même un nombre suffisant de bons types. M. de Pierres voudrait voir cesser l'élevage, coûteux et irrationnel, suivant lui, du haras de Pompadour; son contradicteur, loin de lui accorder ce point, demande le rétablissement du haras du Pin avec des juments types de diverses races.

A la proposition de ne laisser circuler publiquement, pour faire la monte, aucun étalon non primé s'il n'est muni d'une carte d'autorisation, M. Houël répond que c'est encore une de ces théories dont l'efficacité serait peu évidente et dont l'application soulèverait de grandes difficultés ; mais il est d'avis d'interdire en France aux administrations publiques et aux compagnies concessionnaires de l'État, l'usage du cheval entier.

M. Houël, laissant de côté la proposition d'élever le prix des chevaux de remonte, sans pour cela grever davantage le budget, se range encore à l'avis de M. de Pierres quand celui-ci demande que l'on encourage, que l'on multiplie les écoles de dressage. Partant de là, il élève la voix pour le rétablissement de l'École des haras, supprimée en 1852 comme étant trop coûteuse.

L'auteur de la brochure avait émis le vœu qu'il fût donné à l'Administration une direction telle, qu'il n'y eût plus dans sa marche ni hésitation ni résistance à l'endroit de l'industrie privée : c'était demander à un corps de se suicider, et M. Houël ne croit pas que celui dont il fait partie en soit là. Son sort est entre les mains de l'Empereur, et il est inexact, comme l'avance M. de Pierres, que S. M. ne se soit pas suffisamment informée.

Après une aussi forte réplique, on pouvait s'attendre à la clôture des débats ; mais une discussion sur les questions chevalines sans M. le comte d'Aure ne pourrait être qu'incomplète, et l'homme de cheval par excellence fut appelé à la tribune. Il choisit celle du *Journal des Haras,* toute frémissante encore de la parole incisive de M. Houël. Déjà, l'inspecteur des écuries de S. M. l'Empereur, le maître regretté de l'École de cavalerie de Saumur, avait publié dans le même recueil, sous le titre de *Question chevaline,* un substantiel article que nous regrettons de ne pouvoir analyser; plus tard, l'écrivain revint à la charge dans une brochure dirigée contre celle de M. de Pierres, et il y fit de nouvelles trouées. Avec un pareil auxiliaire, la victoire, si longtemps disputée, ne saurait être indécise, et les Haras ne peuvent plus mourir.

Si un instant accablés par des ennemis puissants et nombreux, ils ont rasé la terre, il faut qu'ils se relèvent doués de forces nouvelles; il faut que l'institution de Colbert, renouvelée par Napoléon Ier, sorte d'un état de faiblesse qui encourage les attaques, et soit rétablie sur un pied qui les défie.

Je le dis hautement, je suis de ceux qui pensent que la liberté seule est féconde, et qui regrettent de voir l'État exécuter lui-même ce que les particuliers peuvent faire aussi bien et mieux que lui; mais aussi, dans une grande nation où l'action privée fait défaut, l'autorité doit intervenir et agir à l'aide des ressources publiques. L'Angleterre, dont le gouvernement évite avec soin de rien faire qui puisse entraver l'activité des citoyens, et de favoriser les uns aux dépens et au détriment des autres, n'en a pas moins des musées et les entretient à grands frais, sans que personne songe à s'en plaindre : c'est qu'il y a là un besoin social hors de proportion avec les ressources privées, et que nul d'ailleurs n'a intérêt à satisfaire. Le gouvernement de la Reine ne fait-il pas aussi ses vaisseaux, ses canons et ses armes de guerre?

Mais, me dira-t-on, là-bas il n'y a pas d'administration des Haras. — D'accord ; mais chez nos voisins, les fortunes territoriales se trouvant concentrées en quelques mains, et le goût, sinon la pratique de l'agriculture étant héréditaire dans les grandes maisons, l'intervention de l'État dans la production chevaline serait sans but. Toutefois, si nous sommes bien informé, au moment où l'on agite chez nous la suppression des Haras, il s'agirait de créer dans la Grande-Bretagne une administration semblable. Là, c'est à qui dira comme Sterne, au début de son *Voyage sentimental* : « They do these things much better in France. »

Nos voisins disent encore, et avec bien plus de raison, ce me semble, que la belle race anglo-arabe qu'ils ont créée au prix de tant de soins, de tant de sacrifices, décline sensiblement, et, comme chez nous, ils se plaignent de l'abus des courses. Instituées dans le principe pour l'amélioration de cette race, elles en sont venues à ne produire le plus souvent que des étalons indignes de la paternité, en tant qu'il s'agit de chevaux utiles, c'est-à-dire de chevaux de luxe, de traits légers et de chasse. Chose bizarre! l'État, qui, la loi à la main, poursuit les jeux de hasard et les force à se réfugier à l'étranger, donne des encouragements efficaces aux courses, comme si le turf n'était pas une variété du tapis vert.

Ces libéralités eussent-elles pour objet de créer des occupations et des spectacles pour les oisifs du grand monde, il y aurait peut-être encore lieu de les mieux employer. En se faisant étalonnier, qu'a en vue le gouvernement? Deux objets qui entrent en première ligne dans l'ordre de ses devoirs : la défense nationale et l'affranchissement du pays, tributaire de l'étranger pour une bonne partie de ses chevaux de guerre et de luxe. Voilà pourquoi, depuis Louis XIII, tous les souverains qui ont régné sur la France se sont fait une étude d'augmenter l'espèce chevaline, d'améliorer nos races et d'en créer de nouvelles.

Nous avons vu, au moment de l'expédition de Crimée, le ministre de la guerre demander au commerce les chevaux de cavalerie que les dépôts de remonte ne pouvaient plus seuls lui fournir, et de cette façon bon nombre de chevaux étrangers entrer dans nos escadrons. Sait-on le nombre de chevaux français, produits de l'ancienne administration des Haras, fournis à cette époque? Qu'on le compare au contingent de l'armée d'Italie, éclos sous le régime du Jockey Club, dont le premier acte a été la réduction des étalons de l'État, et l'on verra que 1859 lui aura rendu, dans ses nécessités, un grand tiers de moins que 1854. C'eût encore été bien autre chose pour peu que la guerre d'Italie se fût prolongée. Nous n'aurions pas eu la ressource de remonter notre cavalerie en Allemagne, les divers États de la Confédération germanique s'étant concertés pour prohiber l'exportation des chevaux; et, pour faire face à une guerre continentale, l'Empereur n'aurait eu d'autre ressource que des chevaux de course ou de tombereau.

Le danger que nous avons couru dans cette circonstance doit nous servir à en prévenir le retour, et pour cela, il faut renoncer aux demi-mesures.

Depuis que l'administration des Haras fonctionne, malgré la découverte de nouveaux moyens de locomotion et de transport, le nombre des chevaux a cependant augmenté d'une manière sensible, l'amélioration des races a subi une marche progressive, et l'une des plaies par où notre argent coulait continuellement à l'étranger. est en bon chemin de se fermer. Les remontes de la cavalerie par les temps de paix sont devenues plus faciles et de meilleure qualité, et cependant ces remontes annuelles, qui avant 1848 étaient de 6,000 à 7,000 chevaux, sont aujourd'hui de 8,000 à 9,000.

Avec tout cela, nous restons encore tributaires de l'étranger pour le passage, en chevaux de cavalerie, du pied de paix au pied de guerre, et nous demandons encore annuellement à l'étranger 12,000 à 14,000 chevaux de luxe [1].

« Ces résultats, comme le disait si judicieusement M. le marquis de Grouchy, ont été obtenus lentement; et s'il faut en attribuer la cause à quelques incertitudes dans la marche suivie, c'est surtout au morcellement de la propriété et à la division des fortunes qu'il faut s'en prendre. » J'ajouterai l'insuffisance des moyens mis entre les mains de l'administration des Haras, et le défaut de suite dans les systèmes successifs qui l'ont tour à tour dirigée. Changer encore celui qui est en vigueur, lorsque nous sommes en progrès pour arriver au but, ne serait-ce pas compromettre les résultats déjà obtenus?

Mais enfin que faut-il donc faire?

1° Joindre, comme on l'a fait dans nos possessions d'Afrique, la consommation à la production, et former une seule et forte administration qui relève du Ministère de la guerre, sous le nom de *Direction générale des Haras et Remontes.*

On pourrait alors espérer une marche persévérante vers le but, à l'abri des variations de systèmes changeants comme le pouvoir et l'opinion, à l'abri surtout des attaques dont l'administration des Haras a été l'objet de tout temps et qui l'épuisent et la découragent. La régularité, la discipline, qui plus qu'ailleurs règnent au Ministère que je viens de nommer, inspireraient la confiance plutôt que la terreur; et nous ne comprenons pas celle que MM. les officiers des Haras manifestent quand on leur parle de les rattacher à la Guerre: l'administration, pour cela, ne cesserait pas d'être civile; et comme nul ne pourrait en faire partie s'il n'était sorti de l'École des Haras et Remontes, on n'aurait point à craindre le despotisme du sabre.

Que faudrait-il faire encore?

2° Nommer un directeur général, autorisé par son nom, sa position sociale et ses services antérieurs, et un sous-directeur, homme de cheval et d'administration.

3° Instituer un conseil d'administration composé de tous les inspecteurs des Haras, qui séjourneraient une partie de l'année au chef-lieu de la direction générale, et viendraient apporter dans ses conseils le tribut de leur expérience et de leurs études.

9

4° Rétablir les jumenteries au Pin et à Pompadour.

5° Relever l'École des Haras, y ajouter une école de palfreniers, avec interdiction de prendre ailleurs ceux de l'administration.

« L'École des Haras, dit un écrivain de la *Presse* dans un article remarquable sur l'Exposition chevaline du concours national de l'agriculture [1], veut être rétablie dans des conditions plus complètes, étant bien entendu que les meilleurs élèves, au nombre de deux ou trois chaque année, auront droit à une place du gouvernement, et que les autres qui satisferont aux examens de sortie recevront un diplôme avec lequel ils pourront offrir leurs services à l'industrie privée, qui reste libre, ou se mettre à la tête d'associations d'éleveurs. »

A mon tour, je dirai : Rien n'est plus nécessaire qu'une École des Haras et Remontes. N'est-ce point une anomalie que de nos jours il existe une carrière où l'on puisse entrer sans étude préalable? Avec cette école, il y aurait homogénéité dans les principes répandus sur toute la surface de la France par les officiers des Haras.

Au-dessous, je l'ai dit, je voudrais une école de palefreniers. Le corps de ces utiles serviteurs a une véritable importance, bien qu'ignorée du plus grand nombre. Dès le commencement de mars, ils se répandent dans toute l'étendue de l'Empire; élevez ces hommes dans la théorie et la pratique de leurs modestes fonctions, et vous verrez, sous leur influence, tous les préjugés disparaître, les bonnes méthodes se propager et l'éducation chevaline progresser. Cette école de palfreniers remonterait tous nos dépôts de France.

Une pareille création nous semble d'autant plus nécessaire, que, généralement parlant, l'industrie chevaline en France n'est plus, comme autrefois, entre les mains de l'aristocratie. « On partirait d'un point très-faux, me disait l'un des inspecteurs les plus distingués des Haras, si l'on pensait qu'aujourd'hui la classe riche peut, chez nous, intervenir d'une manière efficace dans la production générale du cheval. Avec la division des propriétés et celle des fortunes, les grands établissements d'élevage ont disparu à la suite des circonstances qui les avaient fait naître. Personne ne songe, dans les départements, à faire de l'élève du cheval une grande industrie, et c'est à peine si l'on pourrait citer un capitaliste comme ayant engagé une somme importante dans un établissement de Haras. De nos jours, la production du cheval est tout entière dans les régions d'en bas, dans la main du petit éleveur, du paysan. Il faut donc, sous peine de voir l'industrie chevaline décliner peu à peu, puis disparaître, lui donner des institutions en rapport avec sa nature, comme avec les besoins de ceux qui s'y livrent.

» Par exemple, le petit propriétaire ne peut pas songer à l'élevage des races pures, entreprise trop délicate, trop onéreuse pour les minces capitaux dont il dispose : ne lui demandez rien de semblable.

» Il ne peut ni se procurer par lui-même de bons étalons, de bons types reproducteurs, parce qu'ils coûtent trop cher, ni les conserver, alors même qu'il les possèderait, vu qu'ils représentent un capital trop important et constamment exposé : il faut donc que l'État vienne à son aide.

» Le petit éleveur ne peut consentir à payer la saillie de sa jument même à un prix minime : offrez-la lui à peu près pour rien. Il a reconnu dans son bon sens rustique qu'une espèce de chevaux convient mieux que telle autre à la localité qu'il habite : ne lui présentez pas des étalons d'un type tout opposé.

» Vous voulez le soutenir dans son zèle, l'encourager, l'indemniser des pertes qu'il peut faire, et en même temps le pousser insensiblement dans une voie qu'il ne connaît pas et dans laquelle il s'avance timidement : donnez-lui des primes.

» Son poulain grandit ; le montrer, le faire connaître devient pour lui une nécessité : offrez-lui l'occasion de le mettre en évidence ; créez des épreuves, mais un genre d'épreuves à la portée de sa bourse et de ses moyens. Ayez des courses locales pour tout genre de cheval, depuis le plus lourd jusqu'au plus léger, courses de vitesse et de longue haleine, courses au galop et au trot, courses plates et au clocher. Vous reconnaissez que le jeune cheval qui vient de faire ses preuves est propre à faire un père : achetez-le ; les autres feront d'excellents chevaux pour l'armée et pour le luxe. L'éleveur désire livrer à celui-ci quelques-uns de ses produits ; mais il voudrait les livrer tout dressés, sans avoir recours à l'intermédiaire du courtier et du marchand, et cependant il n'a ni la facilité ni la capacité de les dresser : mettez à sa portée des établissements spéciaux, des écoles de dressage [1]. »

Une fois ces réformes opérées, si elles le sont jamais, que reste-t-il à faire? où la nouvelle administration devra-t-elle se fournir d'étalons? En Angleterre, dites-vous? Mais rien au monde n'est plus difficile. Dernièrement, le Gouvernement ayant voulu acheter de l'autre côté du détroit un étalon pur sang, a été placé dans l'alternative de le payer 105,000 francs ou de s'en passer. Nombre de gens croient que le dernier parti eût été le plus sage.

Pur sang! pur sang! que prétend-on par ces mots? Est-ce à dire que les chevaux anglais ainsi désignés aient une généalogie à comparer à celles de leurs nobles propriétaires? Bien loin de là, cette race si vantée est d'hier. Ouvrez l'Histoire du cheval, de John Lawrence, ou l'analyse qu'en a faite M. Huzard dans les *Annales d'agriculture* [2], et vous verrez les vicissitudes et les transformations que l'élève du cheval a subies en Angleterre; vous apprendrez que des chevaux étrangers ont été introduits à toutes les époques, et que c'étaient tantôt des chevaux du Nord, tantôt des chevaux du Midi, tantôt des chevaux français, et même des chevaux hollandais, suivant les besoins du pays, suivant les idées de plaisir ou l'état de guerre, ou même suivant des lois peu entendues d'économie publique.

L'expression de *pur sang* est donc à peu près vide de sens; disons mieux, comme exprimant un fait, elle est complétement fausse, et détourne nécessairement de l'élève des chevaux nobles les cultivateurs hors d'état de se procurer et surtout de nourrir ces prétendus chevaux de pur sang, dont les prix, déjà effrayants au commencement du siècle, n'ont fait que croître et enlaidir.

Ce qui a produit cette race anglaise si renommée, c'est un métissage, non pas suivi exactement, comme feu Huzard indiquait de le faire, mais souvent renouvelé, et un régime de bons soins dont l'institution des courses a donné le signal et reste la garantie [1].

Depuis que cette institution a été introduite chez nous, on a pu apprécier les résultats qu'elle a produits, et tous, pourquoi ne pas le dire? sont loin d'avoir répondu à ce que l'on en attendait. On a obtenu, il est vrai, d'excellents coureurs; mais pour des chevaux de guerre et des chevaux de service de luxe, c'est ailleurs qu'il faut s'adresser. Le cheval de course, comme le cheval anglais, fournira sa carrière plus rapidement que tout autre; mais ne lui demandez rien de plus, ni marche forcée, ni jeûne prolongé : c'est une plante élevée en serre chaude, qui a besoin d'une température égale et de soins constants et périodiques, sous peine de mourir, ou du moins de manquer à ses promesses.

Pour le cheval arabe, c'est différent. Faire son éloge, détailler ses qualités, serait recommencer une tâche cent fois accomplie, et nulle part mieux que dans l'un des ouvrages du général Daumas. Son but, comme il le dit dès les premières lignes d'un autre de ses livres, a été d'appeler l'attention de son pays sur le parti qu'on pouvait tirer de cette race, jusqu'ici peu connue, peu appréciée, sinon des hommes qui l'ont vue à l'œuvre en Afrique; il s'était encore proposé de prouver qu'aucun cheval n'est capable de supporter aussi bien la faim, la soif, les fatigues, les intempéries, et par conséquent ne réunit à un degré égal les conditions qui doivent distinguer le cheval de guerre. Le talent avec lequel le général a soutenu sa thèse, le retentissement qu'elle a eu dans toutes les régions où l'on s'occupe de chevaux, seront toujours là pour indiquer le pays où l'on doit désormais aller chercher des recrues pour nos Haras.

Un autre écrivain dont les articles sur l'industrie chevaline ont été très-remarqués et fort goûtés, M. Delamarre, s'étant appliqué à définir quel est le modèle général du cheval pur sang de service appelé à devenir chez nous l'étalon régénérateur de nos races indigènes, insiste fortement pour proscrire d'une manière absolue l'emploi du cheval de course comme reproducteur : « Par cela même, dit-il, que le cheval de course est un produit artificiel créé en vue d'une seule fonction, la course, il ne possède en effet aucune des qualités nécessaires à l'amélioration de l'espèce. Loin de perfectionner nos races de service, il ne pourrait que les doter de tous les défauts inhérents à sa conformation grêle et décousue.

» Voulez-vous juger des produits que vous donnerait le cheval de course? Vous n'avez qu'à bien remarquer la plupart des chevaux employés depuis une quinzaine d'années aux coupés et cabriolets de remise de Paris.

» Regardez ce grand animal maigre et déhanché, à la membrure mince, au cou allongé, aux genoux courbés, véritable échassier ruiné sur ses jambes, dont le galbe général néanmoins trahit visiblement la charpente défigurée d'un coursier du désert : vous pouvez être sûr que c'est là le produit d'un cheval pur sang de course, s'il n'est lui-même un ancien vainqueur d'hippodrome. Il n'était plus apte à rien, on l'a mis au fiacre.

» La nature de la race des chevaux de course, créée exclusivement pour fournir une carrière de quelques minutes, répugne à tout travail de longue haleine. Quel enfer pour ces tristes animaux que le service sans relâche du fiacre de Paris, accablant déjà pour les chevaux les plus résistants ! Aussi se trouvent-ils réduits en quelques jours à l'état de squelette ambulant.

» On voit, par cet échantillon, quel danger il y aurait pour nos éleveurs à introduire dans nos éléments de reproduction un cheval capable de transmettre ces tristes qualités à sa descendance [1]. »

« Les éleveurs, dit encore plus loin M. Delamarre, doivent donc se garder à tout prix de mettre leurs poulinières en contact avec l'étalon de course, sous peine de voir leurs écuries empoisonnées des produits de cette variété difforme et impropre à toute autre destination. »

Nous voulons néanmoins du pur sang, nous voulons des courses; mais juste ce qu'il en faut dans l'intérêt du pays et pour l'amélioration de sa race chevaline, par conséquent de sa cavalerie.

Que l'on élève des chevaux de course, que l'on fasse courir, nous y applaudirons; car nous sommes persuadé que, malgré tous les efforts de l'homme pour dénaturer l'un des chefs-d'œuvre de la création, la nature sera la plus forte, et que dans le nombre des chevaux conduits au poteau, il s'en rencontrera deux ou trois qui auront conservé les conditions de force et les magnifiques lignes que l'on recherche pour l'étalon. Si un cheval aussi heureusement partagé court à trois, quatre et cinq ans, en restant intact, il aura prouvé qu'il réunit, aux qualités extérieures appréciables à nos yeux, toutes les qualités intérieures que l'expérience du travail peut seule révéler, et c'est là un étalon que l'État doit chercher à acquérir, même à un prix élevé.

Mais nous repoussons les courses en tant que détournées de l'idée qui a présidé à leur création. Qu'ont-elles fait du cheval? Elles l'ont réduit au rôle du dé dans une maison de jeu. Nous repoussons le pur sang, lorsque les Haras sont condamnés à devenir l'égout des écuries de courses; nous repoussons le mauvais pur sang au nom de tous les éleveurs en France, parce que, taré, il communique ses tares bien plus sûrement et empoisonne nos races.

NOTES ET ÉCLAIRCISSEMENTS

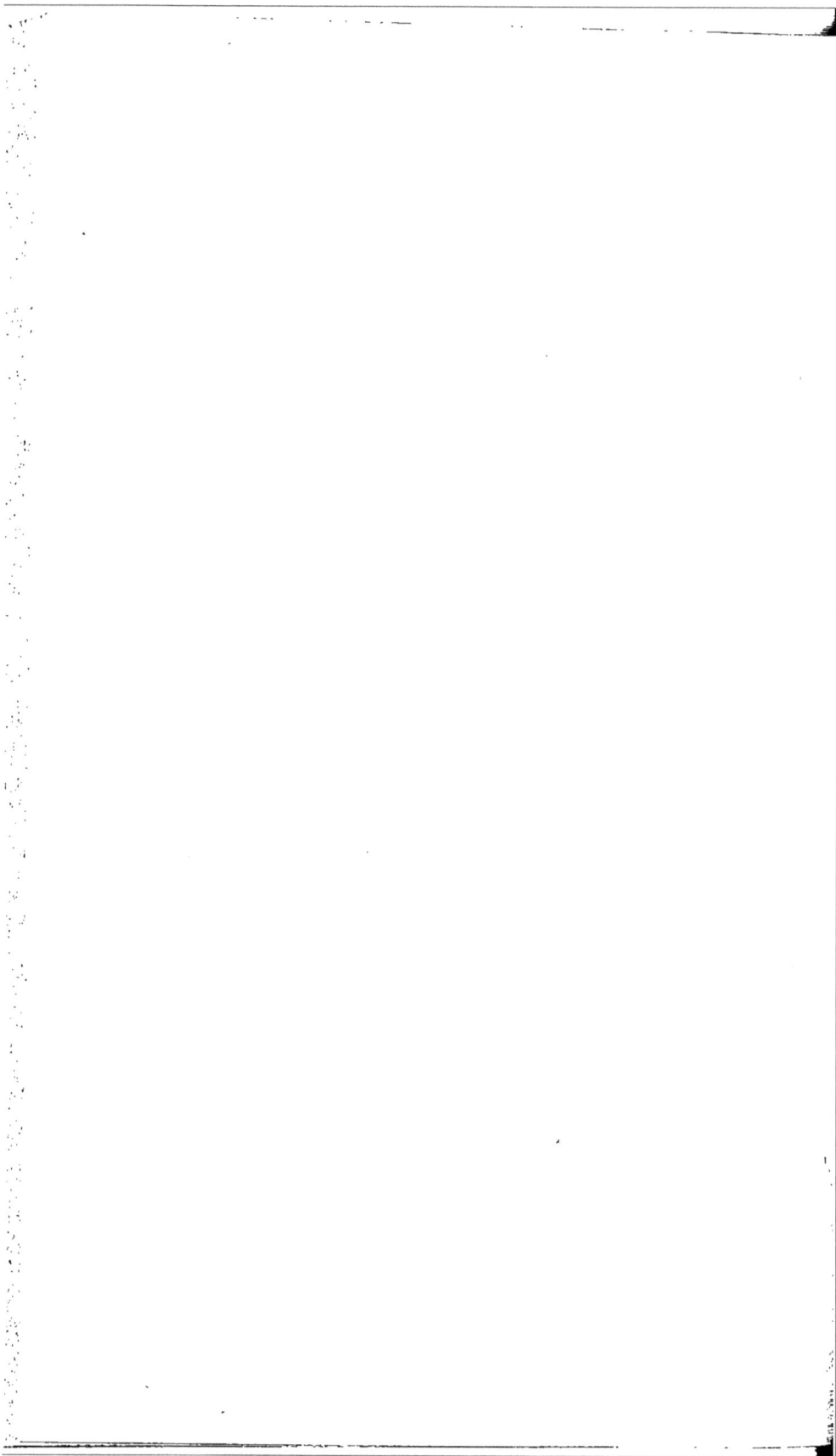

NOTES

ET

ÉCLAIRCISSEMENTS

Page 3, Note 1. — La mention du cheval dans le Livre de Job est l'une des plus anciennes connues. La *Genèse*, ch. XII, v. 16, ne le comprend point parmi les dons offerts au patriarche Abraham par les officiers de Pharaon. Lorsque Jacob se sépare de Laban, nous trouvons une énumération de troupeaux (*Gen.*, ch. XXXII, v. 15), mais nulle mention du cheval. Dans le siècle suivant, Joseph, alors ministre de Pharaon, vendait du blé au peuple, tant pour lui que pour ses hommes et ses chevaux (*Gen.*, ch. XLVII, v. 17); c'est la première fois que l'histoire sainte ou profane nomme cet animal. Jacob, sur son lit de mort, dit en parlant de l'un de ses fils : « Dan sera un serpent sur le chemin et une couleuvre dans le sentier, mordant les paturons du cheval, afin que son cavalier tombe à la renverse. » (*Gen.*, ch. XLIX, v. 17.) On n'entend plus parler du cheval jusqu'au temps de Job, qui avait vécu environ 20 ans avant la sortie d'Égypte des Israélites; on sait ce qu'en a dit ce patriarche (*Job*, ch. XXXIX, v. 19-25, etc.). Il en résulte qu'on s'en servait pour la guerre 1500 ans avant J.-C. Moins de 20 ans après, Pharaon prit tous les chevaux de chariots en Égypte, ainsi que tous les gens de cheval, et poursuivit les Israélites jusqu'à la mer Rouge (*Exod.*, XIV, 9). D'après Job, il servait pour la chasse à l'autruche (*Job*, XXXIX, 18). Après cela, les citations abondent.

A énumérer les travaux dont le Livre de Job a été le sujet, on écrirait un volume. Contentons-nous d'indiquer l'*Esposizione de' versetti di Giobbe intorno al cavallo*, di Michelangelo Lanci. Firenze, 1829, in-8°, dissertation savante accompagnée du texte hébreu de Job. L'auteur a réuni vingt-deux versions latines et italiennes modernes, ainsi que les passages des anciens poëtes qui ont parlé du cheval, dont les sept différents mouvements sont marqués sur une planche de musique placée à la fin du volume.

N. 2. — Michelet, *la Femme,* 2ᵉ édit. Paris, 1860, in-12, p. 228.

Les faits et gestes de cet animal fameux ont été publiés sous ce titre : *A short History of the celebrated Race Horse Eclipse,* by Bracy Clarke. London, 1827, quatre pages in-4°.

P. 5, N. 1. — Je n'ai pas cru devoir grossir ce petit livre de détails sur l'équitation chez les anciens. On trouvera, sur ce sujet tant de fois traité, un bon article dans le *Classical Journal,* décembre 1826, n° LXVIII, p. 306. Voyez le *Bulletin des sciences historiques* de M. le baron de Férussac, t. XV, p. 259-264.

P. 6, N. 1. — *Les Establissemens selon l'usage de Paris et d'Orléans,* etc., ch. XLIV, LXXV, CXXXI. (*Ordonnances des rois de France,* etc., t. I, p. 140, 167, 217, 218.)

Le passage suivant, qui est de Guillaume de Mur, troubadour de l'époque, prouve que pour s'en aller en guerre, les chevaliers ne se contentaient pas d'un roncin :

> Giraut, sol que'm don bon destrier
> ₂ Lo reys, e rossi e saumier,
> E'l autr'arnes c'al mieu par se cove;
> Yeu lai anarai per mantener la fe.
>
> Guilhems de Mur, etc. (*Hist. litt. de la Fr.*, t. XX, p. 548.)

N. 2. — *Ordonnances des rois de France,* etc., t. XVIII, préface, p. ij, iij. Un commentateur de Rabelais complète ainsi ces détails : « Le roussin étoit un cheval de service et de fatigue, comme il en étoit dû au seigneur dominant à chaque mutation de fief, par les art. 96 et 97 de la coutume de Touraine. Il n'est point dû de ces roussins par celle de Metz; mais dans le pays il y avoit tel village dont les habitants, quand le seigneur y arrivoit monté sur son roussin, étoient tenus de se présenter à lui avec un fagot d'épines et de ronces pour sa monture : ce qui pourroit faire croire que le roussin ou roncin, comme on parle dans quelques provinces, auroit eu ce nom des feuilles et des ronces que mangent au besoin les roncins; mais il y a plus d'apparence que *roussin* vient de l'allemand *ross*, » etc. (*Gargantua,* liv. Ier, ch. XXXIV.)

Si l'on voulait exposer en détail tous les actes de la vie féodale où figurait le cheval, on aurait fort à faire, surtout si l'on tentait d'en rendre raison. Par exemple, qui pourrait dire pourquoi les comtes d'Anjou étaient tenus de donner au maître-queux du roi le dextrier sur lequel ils venaient à la cour le jour du couronnement? (Voyez *Hugonis de Cleeriis Commentarius de Majoratu et Senescalcia Franciæ, Andegavensium olim Comitibus hœreditarius,* dans le Recueil des historiens des Gaules et de la France, t. XII, p. 494, C.)

N. 3. — *Les Chroniques de sire Jean Froissart,* ann. 1385, liv. II, ch. CCXXIII; t. II, p. 317, col. 1.

N. 4. — Dans le tome V des *Mines de l'Orient,* après une notice sur les chevaux arabes, par M. le comte Wenceslas de Rzewuski (p. 49-59), on trouve un second Mémoire du même sur l'introduction du sang oriental des chevaux en Europe. Voyez p. 333-345.

N. 5. — *Gérard de Rossillon,* p. 235, v. 8.

P. 7, N. 1. — Voyez le *Roman de Fierabras,* publié par Bekker, p. 13, v. 297; p. 106, v. 3546.

N. 2. — Voyez dans l'*Histoire de la guerre de Navarre,* p. 504, not. 3, une longue note remplie de citations destinées à établir ce sens et celui de *morentin,* que l'on donnait comme épithète ou comme dénomination aux chevaux dans les XIIe et XIIIe siècles.

Dans la suite du Virgile travesti, liv. XI, Jacques Moreau nous montre Turnus

> Tressaillant déjà de courage
> Comme un jeune cheval sauvage,
> Courant de la ville au château,
> Monté sur un vrai *mornandeau.*

N. 3. — Le mot *alfaraces* est arabe, et composé de *faras,* cheval, et de l'article *al.* On lit dans l'*Histoire d'Espagne,* de Mariana, liv. VII, ch. XVIII : « No dexeis de enviarnos algunos provechosos y buenos Moriscos con sus armas y caballos, á los quales los Españóles llaman caballos *alfaráces.* »

P. 8, N. 1. — *Invasions des Sarrasins en France,* p. 298, 299. M. Reinaud y cite Mouradgea d'Ohsson, *Tableau de l'empire ottoman,* t. V, p. 60.

N. 2. — *Capitularia regum Francorum,* ed. Steph. Baluzio, t. II, p. 1400.

N. 3. — Voyez les citations consignées dans notre *Histoire de la guerre de Navarre,* p. 507, not. 1 et 2.

Dans le *Secré des secrés,* traduit en français par un écrivain du XIIIe siècle, Geoffroy de Waterford, un philosophe d'Orient, *magus orientalis,* selon l'expression du texte latin, voyage sur sa mule, chargée de provisions de voyage. (*Histoire littéraire de la France,* t. XXI, p. 222.)

On sait que les mulets et mules étaient la monture des ecclésiastiques. L'un des auteurs de la *Crónica de España,* 3e partie, ch. II, fo. cc viij recto, col. 2, nous montre l'archevêque de Séville D. Orpa se rendant sur un mulet à la caverne des Asturies qui servait de refuge à Don Pelayo ; et à l'entrée de Louis XII à Gênes, en 1507, une relation du temps fait défiler tout seul sur une belle grande mule le cardinal d'Amboise. (*Le Cérémonial françois,* etc., t. Ier, p. 713.)

Une autre relation, celle de l'entrée à Rome du duc de Nevers, le 25 décembre 1608, nous prouve combien l'usage des mulets était répandu parmi les gens d'église. Ce sont d'abord six courriers de l'ambassadeur de France, cent chevau-légers de Sa

Sainteté, les mulets des seigneurs français avec les couvertures, les trente-quatre mulets du duc de Nevers, ferrés d'argent, garnis partout de plaques d'argent; trente-six mules des cardinaux caparaçonnées d'écarlate, boucles et bossettes dorées. Venaient ensuite les gentilshommes et seigneurs français et romains montés sur des chevaux fins. « Après cette belle troupe, arrivoit monsieur le frère du pape seul.... Près du duc marchoit un autre de ses escuyers, qui faisoit mener en bride deux beaux chevaux blancs par deux Mores, vêtus bizarrement.

» Le duc de Nevers marchoit ensuite, monté sur un très-beau coursier; il estoit vestu de velours ras tané.... Son chapeau estoit assorti à la couleur de l'habit, comme aussi le harnois du cheval, dont le mors, les bossetes, les étrieux et tous les fers estoient d'argent. Il estoit au milieu des patriarches de Jérusalem et d'Alexandrie, dont les mules estoient bardées de violet, frein, boucles et bossetes dorées. Après, suivoit le sieur de Brèves, entre deux archevesques; puis vingt-six prélats avec leurs chapeaux, roquets, surplis, montez sur mules très-proprement caparassonnées. » (*Registres journaux de P. de l'Estoile*, dans la collection de Petitot, 1re série, t. XLVIII, p. 205-207.)

Précédemment, le même écrivain avait enregistré le coup de pistolet tiré, le 29 janvier 1583, sur le conseiller Nicolaï, qui revenait du Palais sur sa mule. (*Journal de Henri III*, t. XLV de la même collection, p. 250-251.) Telle était la monture habituelle des magistrats. Le président de Thou rapporte qu'en 1582, le prince de Condé lui fit cadeau, à Pézenas, d'un beau mulet et de son caparaçon. (*Jac. Aug. Thuani de Vita sua*, à la suite de sa grande Histoire, édit. de Londres, t. VII, p. 55.)

On se rappelle Gargantua « patenostre en avant, pour lesquelles mieulx en forme expédier montoit sur une vieille mulle, » allusion, disent les commentateurs, à l'ancienne coutume des conseillers au parlement de Paris, lesquels, au rapport d'André du Chesne, montés comme ils étaient sur leurs mules, disaient leur chapelet tout en allant au palais. Cet auteur, qui cite Lampride, fait remarquer à ce propos que l'empereur Alexandre

Sévère donnait de l'argent, de l'or et des mulets aux juges qu'il nommait, « honneur qui n'estoit pas petit, ajoute-t-il, veu que les enfans des rois de Judée n'estoient ordinairement portez que sur mules ou mulets, non plus que les dames à Rome en leurs litières. Et se dit que l'empereur Auguste en acheta une grande somme pour le porter. » (*Les Antiquitez et recerches, des villes, chasteaux et places plus remarquables de la France*, etc. Paris, 1647, in-8º, p. 146, ch. XX : *Du Palais et parlement de Paris et de ses chambres.*)

En voyant, à l'entrée de la reine Claude à Paris, en 1517, les ducs d'Alençon et de Bourbon marcher à côté d'elle montés sur des mules (*le Cérémonial françois*, publié par Denys Godefroy, édition in-folio, t. I, p. 761), on est amené à en conclure que cette monture n'était pas uniquement affectée aux magistrats et aux ecclésiastiques ; mais peut-être ces seigneurs l'avaient-ils choisie ce jour-là parce qu'ils avaient à escorter une femme. Dans un ancien fabliau bien connu, *la Mule sans frein*, qui a été publié par Méon (*Nouveau Recueil de fabliaux et contes*, etc., t. Ier, p. 1-37), et analysé par le Grand d'Aussy (*Fabliaux ou contes*, t. I, p. 79), et par M. Paulin Paris (*Hist. litt. de la Fr.*, t. XIX, p. 722-729), est décrite l'arrivée à la cour du roi Arthur d'une demoiselle sur une mule qui n'avait que le *chevestre*, c'est-à-dire le licol. Enfin, à l'entrée des enfants de France et de Madame Éléonore à Bordeaux, en 1530, les dames et demoiselles françaises étaient sur des haquenées, et celles d'Espagne sur des mulets. (*Le Cérémonial françois*, t. I, p. 772. Voyez encore p. 776.)

Du temps de Claudien, c'est-à-dire à la fin du IVe siècle, la vigueur et l'intelligence des mulets du Rhône étaient renommées. (Claud., *epig. de mulabus Gallicis.*) Le poète nous les montre traînant d'un commun effort les chars retentissants, comme faisaient encore, il y a quelques années, les rouliers provençaux qui amenaient à Lyon les productions du Midi.

D'un autre côté, en Gascogne, les transports avaient lieu, en 1660, par des mulets, comme aujourd'hui en Espagne. Nous l'apprenons par Mademoiselle de Montpensier (collection Peti-

tot, 2ᵉ série, t. XLII, p. 519), qui précédemment fait mention
du grand nombre de mulets de Madame Royale et de M. de Savoie, « avec de belles et magnifiques couvertures, les unes de
velours noir, les autres de velours cramoisi, avec les armes en
broderie d'or et d'argent. » (*Ibidem*, p. 360.) Ces mulets étaient,
suivant l'usage d'Italie, employés au transport des bagages. Un
écrivain antérieur, Brantôme, décrivant une marche, rapporte
que « devant avoit vingt-quatre mullets fort beaux, chargés de
bahus, coffres et bouges. » (*Vies des grands capitaines estrangers
et françois*, ch. LXV. *Cæsar Borgia*; édit. du *Panthéon littéraire*,
t. Iᵉʳ, p. 157, col. 1.)

A la même époque, toujours dans l'année 1660, un autre écrivain mentionne les mulets d'Auvergne du cardinal de Richelieu :

> C'est de monsieur le cardinal,
> Oui, que je puisse avoir la hergne,
> Ce sont là ses mulets d'Auvergne.

> (*La Muse en belle humeur, contenant la magnifique entrée de leurs
> Majestez*, etc., *le tout en vers burlesques*. Paris, 1660, in-4°, p. 32.)

Un siècle plus tard, Voltaire faisait le Jeannot de son *Jeannot
et Colin* fils d'un marchand de mulets d'Issoire.

Il n'est personne, je pense, qui ne connaisse le proverbe
ferrer la mule, encore en usage pour dire profiter sur un achat
que l'on fait pour autrui (*les Caquets de l'accouchée*, édit. de
1623, p. 9); mais généralement, on ne sait pas que cette expression est ancienne et remonte jusqu'à Vespasien. Voyez la
vie de cet empereur par Suétone, ch. XXIII.

N. 4. — *Li Romans d'Alixandre*, p. 478, v. 8. Voyez encore
p. 480, v. 26.

Un des principaux articles de commerce dans l'île d'Ormuz
étaient les beaux chevaux dont on exportait un grand nombre
pour l'Inde, où ils se vendaient jusqu'à cinq cents ducats, et
même jusqu'à mille. On accordait le premier rang aux chevaux
arabes; ceux de la Perse n'étaient considérés que comme étant
d'une race inférieure. (Depping, *Histoire du commerce entre le
Levant et l'Europe*, etc. Paris, 1830, in-8°, t. I, p. 45.)

Plus loin, p. 61, l'auteur dit que l'Égypte envoyait beaucoup de chevaux à Aden pour des échanges contre des marchandises de l'Inde.

Je trouve annoncé dans les journaux anglais un volume sur les chevaux de l'Inde, sous ce titre : « *Wild Sports of India, with Remarks of the Breeding and Rearing of Horses, and the Formation of Light Irregular cavalry.* By Captain H. Shakespear, Commandant Nagpore Irregular Force. » Un volume petit in-8°. Si l'on songe à l'immobilité des Indiens, on peut, par ce qui se passe aujourd'hui pour l'élève et le dressage des chevaux, se rendre compte de ce qui avait lieu autrefois.

N. 5. — *Li Romans d'Alixandre*, p. 479, v. 31.

N. 6. — Voyez un passage de la lettre de Julien à Sérapion citée dans l'*Histoire de la guerre de Navarre*, p. 507, not. 5.

N. 7. — *Li Romans d'Alexandre*, p. 309, v. 15.— *La Chevalerie Ogier de Danemarche*, t. II, p. 79. — *Gui de Bourgogne*, p. 54, v. 1752. — Voyez, sur des chevaux, des dextriers de Syrie, le glossaire et index de la *Chanson de Roland*, au mot *Sulians*, p. 216, col. 1.

N. 8. — *Li Romans d'Alixandre*, p. 407, v. 27.

N. 9. — « Aux pieds de Rome, dit cet écrivain, l'Arcadie amène des chevaux, l'Épirote des cavales, le Gaulois des troupeaux. » (*Paneg. Majorian.*, v. 45.)

N. 10. — « ... Equis etiam Thessalicis, et aliis jumentis Gallicanis, quibus generosa soboles perhibet pretiosam dignitatem.» (Apul., *Metamorph.*, lib. X.) — Trebellius Pollion, dans Claude, ne parle pas moins bien des cavales celtiques.

On sait que les Gaulois aimaient beaucoup les chevaux, et s'attachaient à perfectionner leurs races. César rapporte que les chevaux distingués faisaient leurs délices, et qu'ils s'en procuraient à grands frais par l'importation. (*De Bello Gallico*, lib. IV, cap. II.) Enfin, que l'on se rappelle ces vers d'Horace :

> Gallica nec lupatis
> Temperat ora frænis.
>
> (*Carm.*, lib. I, od. VIII, v. 6.)

N. 11. — Delectus equorum
Quos Phrygiæ matres Argeaque gramina pastæ
Semine Cappadocum sacris præsepibus edunt.

(Nemesianus in Cynegetico.)

Virgile avait déjà parlé des chevaux de l'Argolide dans deux
vers bien connus :

Vocat ingenti clamore Cithærcon,
Taygctique canes, domitrixque Epidaurus equorum.

(Georg., lib. III, v. 43.)

P. 9, N. 1. — Aux indications données dans l'*Histoire de la
guerre de Navarre*, p. 507, not. 9 et 10, ajoutez un renvoi à
Floovant, p. 12, v. 380.

Voyez, sur le cheval barbe, une curieuse lettre de l'émir Abd-
el-Kader au général Daumas, dans la *Revue des deux Mondes* du
15 février 1854, p. 854-856.

N. 2. — *Partonopeus de Blois*, v. 1622, t. I, p. 56.

N. 3. — Gratius, dans son *Cynegeticon*, v. 518; et Arrien ou
Xénophon le Jeune, dans son *Traité de la Chasse*, ch. XXIV.

N. 4. — *Mémoires de Philippe de Commines*, liv. VIII, ch. V.
Voyez encore, sur les Estradiots au service de la France, le
grand ouvrage du docteur Meyrick, vol. I, p. xlviii.

Leur nom d'*estradiots* ne leur était pas exclusivement affecté;
on désignait ainsi les batteurs d'estrade ou de pavé. Dans un
monologue du XVᵉ ou du XVIᵉ siècle, un rimeur fait ainsi parler
un pèlerin à son entrée dans une ville :

Je vys là tant de charios,
Tant de pages, tant de valès,
Tant de laquès, d'*estradios*...
Que la moytié servoit d'encombre.

(Le Pelerin passant, st. IX.)

N. 5. — Un écrivain du XVIᵉ siècle nous apprend que chez
nous les Albanais portaient des chapeaux hauts de forme, « sous
lesquels, dit-il, plusieurs larrons, meurtriers, saccars et voleurs
se cachent, quand ils vont par la ville, de peur qu'ils ne soient
cogneus et reprins de justice. » (*OEuvres morales et diversifiées*

en histoires, etc., par Jean des Caurres, de Morceul. Paris, 1584, in-8°, liv. VII, folio 602 verso.)

P. 10, N. 1. — *Collection générale des documents français qui se trouvent en Angleterre,* recueillis et publiés par Jules Delpit, Paris, 1847, in-4°, t. I, p. 273.

N. 2. — *The privy Purse Expences of King Henry the Eighth,* etc., by Nicholas Harris Nicolas. Londres, 1827, in-8°, p. 133, 199, 204, 298, col. 2. — Shakspere parle aussi d'un cheval de Barbarie dans *Richard II,* act. V, sc. 5, et dans *Othello,* act. I, sc. 1.

N. 3. — *Commentaires de François de Rabutin,* liv. II, ann. 1551. (Collection Petitot, 1re série, t. XXXI, p. 66.) On y lit : « coursier du royaume, turcs et chevaux d'Espagne ; » notre citation est donc fautive.

N. 4. — *Le Cérémonial françois,* t. I, p. 525.

P. 11, N. 1. — *Mémoires de Gaspard de Saulx, sieur de Ta-vannes,* ann. 1526 ; dans la collection Petitot, 1re série, t. XXIII, p. 210.

L'éloge que le maréchal fait de la cavalerie française de son temps est confirmé par M. Valery, qui assure que les chevaux de France étaient alors aussi les meilleurs de l'Europe. « Leur décadence, ajoute-t-il, date de la cessation des tournois, quand les nobles devenus courtisans abandonnèrent leurs antiques manoirs, où ils formaient les destriers qui devaient les faire triompher dans ces jeux guerriers. » (*Curiosités et anecdotes italiennes.* Paris, 1842, in-8°, p. 260.) Ici M. Valery s'autorise des vers de Ronsard dans la troisième pièce du *Bocage royal,* adressé à Henri III, « vers admirables, dit-il, de naïveté et de sentiment. » Voici la pièce entière :

> Un gentil chevalier qui aime de nature
> A nourrir des harats, s'il treuve d'avanture
> Un coursier généreux qui, courant des premiers,
> Couronne son seigneur de palme et de lauriers,
> Et, couvert de sueur, d'escume et de poussière,
> Rapporte à la maison le prix de la carrière ;
> Quand ses membres sont froids, débiles et perclus,
> Que vieillesse l'assaut, que vieil il ne court plus,

N'ayant rien du passé que la monstre honorable,
Son bon maistre le loge au plus haut de l'estable,
Luy donne avoine et foin, soigneux de le penser,
Et d'avoir bien servy le fait recompenser ;
L'appelle par son nom, et si quelqu'un arrive,
Dit : « Voyez ce cheval qui d'aleine poussive
Et d'ahan maintenant bat ses flancs à l'entour,
J'estois monté dessus au camp de Montcontour.
Je l'avois à Jarnac ; mais tout enfin se change. »
Et lors le vieil coursier, qui entend sa loüange,
Hannissant et frappant la terre se sourit,
Et benist son seigneur qui si bien le nourrit.

(Les OEuvres de Pierre de Ronsard, etc. Paris, 1609, in-folio,
p. 668, col. 1.)

N. 2. — *Mémoires de du Bellay,* liv. VI ; dans la même collection, 1re série, t. XVIII, p. 488.

N. 3. — *Chroniques d'Enguerrand de Monstrelet,* liv. II, ch. CCLI,
ann. 1440 ; édit. du *Panthéon littéraire,* p. 804, col. 2. — Cette
édition porte *heaulmes,* et celle de Denis Sauvage (voyez t. II,
folio 178 verso) *heaulnes.* La Curne de Sainte-Palaye (*Mémoires
sur l'ancienne chevalerie,* édit. de 1759, t. I, p. 53) écrit *peaulmes.*

N. 4. — Jacques Pape nous montre, dans une circonstance,
en 1587, M. de Chastillon désarmé sur son barbe. (*Mémoires,*
dans la collection Petitot, 1re série, t. XLIII, p. 504.) Auparavant,
parlant d'une rencontre qu'il eut en 1586, « j'en eschapay, dit-il,
avec trois grands coups d'espée sur mon chapeau, cinq sur mon
cheval, qui ne luy tirerent une seule goutte de sang, et un petit
sur la main gauche. J'avois, à la vérité, un bon cheval turc, qui
me servit très-bien, » etc. (*Ibid.,* p. 464.) Plus loin, p. 467, il
fait mention d'un beau et fort cheval d'Espagne, poil de loup,
« des plus beaux qui se puissent voir. »

N. 5. — « M. Deschenetz se mit en chemin... et moy avec luy
sur un cheval barbe, mais fort viste, » etc. (*Mémoires de Jean
de Mercey,* ann. 1554 ; dans la collection Petitot, 1re série,
t. XXXIV, p. 18.)

N. 6. — *Essay des merveilles de nature, et des plus nobles artifices,* etc., par René François (Étienne Binet). A Rouen, 1624,
in-4º, ch. LVI *(le Cheval),* p. 565.

N. 7. — Voyez les citations rassemblées, p. 508, not. 3, de l'*Histoire de la guerre de Novarre.*

P. 12, N. 1. — « Sotiates, magnis copiis coactis, equitatuque, quo plurimum valebant, » etc. (Cæs., *Commentar.*, lib. III, cap. XX.)

Cicéron, plaidant pour Fonteius, nous montre les habitants de la Gaule Narbonnaise obligés à fournir une nombreuse cavalerie pour les combats que la république romaine avait à soutenir dans toutes les parties de l'univers, et César cite un trait d'audace de trente cavaliers gaulois en Afrique. (*Comment. de bello Africano*, cap. VI.)

N. 2. — DD. de Vic et Vaissete, *Histoire générale de Languedoc*, liv. XIX, ch. LIV; t. III, p. 37.

N. 3. — D. Bouillart, *Histoire de l'abbaye royale de Saint Germain des Prez*, etc., liv. III, ch. XXXVI, p. 98.

J'aurais pu citer tout aussi bien le testament de Catherine de Cantaloup, veuve de Bertrand de Gères, qui déclarait, en 1475, laisser les créances suivantes : 1º sur monseigneur de Castillon, vingt-cinq écus d'or, que son mari avait payés pour lui au prieur de Condom pour le prix d'un cheval; 2º sur monseigneur de Narbonne, dix-huit francs, pour un roussin que Bertrand de Gères lui avait vendu; 3º sur monseigneur de Hous, cent écus d'or, pour un cheval bayard. (*Archives historiques du département de la Gironde*, t. I, p. 204.) Vers ce temps-là, ou, pour être plus précis, en 1483, les écus d'or ne valaient que 34 sous pièce. (Godefroy, *Histoire du roy Charles VIII*, etc., p. 367.)

N. 4. — Guill. Pictav., *de Gestis Guillelmi ducis Normannorum, et regis Anglorum*, dans le Recueil des historiens de Normandie, de du Chesne, p. 181, B, et dans celui des historiens des Gaules et de la France, t. XI, p. 77, E.

N. 5. — *Chroniques d'Enguerrand de Monstrelet*, édit. du *Panth. litt.*, p. 181, col. 1. — A la fin du XVIᵉ siècle, le duc de Bouillon signale un cheval qui ne savait pas tourner, sans doute comme le premier dont il parle : « Bouschant, dit-il, avoit un petit cheval d'Auvergne assez bon; le mien estoit un cheval qui alloit un grand pas, ne sçachant tourner, et encore moins courir, » etc. (*Mémoires*, dans la collection Petitot, 1ᵉ série, t. XXXV, p. 163.)

N. 6. — *Monachi Sangallensis lib. II de Rebus bellicis Caroli Magni,* cap. XIV. (*Recueil des historiens des Gaules et de la France,* t. V, p. 126, B.) — *Recherches sur le commerce, la fabrication et l'usage des étoffes de soie,* etc., t. I, p. 317, not. 3.

N. 7. — *Proverbes et dictons populaires... aux XIIIᵉ et XIVᵉ siècles,* publiés par G.-A. Crapelet. Paris, 1831, gr. in-8°, p. 114.

N. 8. — *Annales Francorum Nazarieni,* ann. D. DCCXXI; dans le recueil de du Chesne, *Historiæ Francorum Scriptores,* t. II, p. 3, B. — *Hadriani Valesii Notitia Galliarum,* art. *Aquitania,* p. 32, col. 2.

P. 13, N. 1. — *Chronicon Frodoardi,* ann. DCCCXXXII, dans la collection de du Chesne, citée plus haut, t. II, p. 600, B; et dans le *Recueil des historiens des Gaules et de la France,* t. VIII, p. 188, C. Voyez encore la *Chronique de Richer,* publiée par M. Guadet, t. I, p. 118.

N. 2. — L'*Histoire littéraire de la France,* t. XXII, fournit les moyens d'en dresser une liste assez longue; on y voit figurer : *Marchegai,* cheval d'Aiol, p. 276, 277; *Veillantif,* de Roland, p. 301; *Blanchart,* d'Auberi le Bourgoing, p. 324; *Papillon,* de Lambert d'Oridon, p. 328; *Baucenet,* de Garnier de Nanteuil, p. 337; *Corengne,* conquis par Charlemagne, p. 407; *Primesaut,* qui l'est par Élie de Saint-Gilles, p. 421; *Clinevent,* dextrier *norois* de Marsile, p. 425, 428; *Ferran,* l'arragon de Ferron, p. 435; *Abrivé,* cheval donné par Charlemagne à Garin de Mont-glane, p. 445; *Baucent,* conquis par Guillaume au Court Nez, p. 474, 512; *Folatise,* le bon dextrier arabe de ce chevalier, p. 548; *Alion,* cheval de Corsout, p. 485; *Fleury,* le dextrier castillan de Girbert de Metz, p. 624, 625, *Broiefort,* d'Ogier le Danois, p. 644; *Morel, Pennevaire,* de Bertrand, p. 656; *Bayard,* des Quatre fils Aymon, p. 674; Bayard, à la croupe *truillée,* don de la fée Oriande en Espagne, p. 678.

A la page suivante, on voit le maître de ce noble animal lui mettre la chaîne au cou; il paraît que c'était là le lien avec lequel on attachait les chevaux au râtelier ou à l'auge :

La roïne avoit un destrier
Qui fut le *(au)* roi, son signor chier ;
Brunsaudebruel avoit à non ;
Plus bon de lui ne vit nus hom.
Mais puis que rois Embrons mors fu,
N'avoit fors de l'estable issu ;
Ne ne laissa sor lui monter
Home, tant fust hardis ne ber *(brave)* ;
Ne n'avoit fait semblant de joie.
Or saut, or trepe, or se desroie *(maintenant trépigne, maintenant s'é-*
Fronche, henist et clot la teste,   *[carte),*
Hurte des piés et fait grant feste ;
Car son signor sent et alaine,
Qui li deslaçast la chaaine
Dont li chevax loiés estoit,
Au damoisel alast tot droit.

(*Roman de Guillaume de Palerme,* cité dans l'*Histoire littéraire de la France,* t. XXII, p. 837.)

Dans son introduction à la *Chronique rimée de Philippe Mouskès,* t. I, p. cxi-cxx, M. de Reiffenberg a donné un catalogue bien plus étendu des coursiers merveilleux de tous les pays et à toutes les époques; nous nous contenterons d'y renvoyer, ainsi qu'à *Otinel,* p. 14, v. 371, et p. 34, v. 972, pour ce qui s'y trouve sur Migrados et Pennepie, en ajoutant qu'on a conservé les noms de plus de quatre-vingts chevaux de l'antiquité sur une table de marbre, publiée par Gruter, *Inscriptionum Romanarum Corpus absolutissimum,* etc., p. cccxli, et p. cccxxxvii, cccxxxviii, où il est question des jeux du cirque. On en trouve aussi quelques-uns dans la Thébaïde de Stace, liv. VI, à partir du v. 461.

N. 3. — La Curne de Sainte-Palaye, *Mémoires sur l'ancienne chevalerie,* etc., t. Ier, p. 22, 51, 52. Aux textes cités par ce savant, on peut joindre une pièce de l'an 1324, rapportée par Rymer, dans ses *Fœdera,* etc., 3e édit., t. II, part. III, p. 122, col. 1.

Si des chevaliers comme Wautier de Quiévrain et Arnoul d'Esne, en 1214, s'imposaient exceptionnellement l'obligation de monter une jument (*Chronique rimée de Philippe Mouskès,* t. II, p. 367, v. 21962), d'autres ne se faisaient aucun scrupule d'en employer pour les tournois. Voyez le couplet XXIII de la *Bele Idoine* du *Romancero françois* de M. Paulin Paris, p. 19, et un passage d'une ancienne romance espagnole (*Romancero de romances caballerescos é históricos*, parte II. Madrid, 1832, in-8° espagnol, p. 145.) Scarron la connaissait-il quand il représentait le Cid monté sur une jument?

> Je voudrois bien voir ce matamoros
> Sabre à la main, targe dessus le dos,
> S'avanturant, picquant à la genette
> Aux coups brulans d'un long tuyau qui pette :
> O! que bientôt, épouvanté du feu,
> Il tireroit son épingle du jeu,
> Et piqueroit sa jument andaluse, etc.
>
> (Scarron, *Épitre à M. le Prince*, v. 63.)

Il est plus croyable qu'il s'était inspiré des mœurs de son temps. Pierre de l'Estoile nous montre, à la date du samedi 1er février 1578, Bussy d'Amboise monté « sur une jument bragarde, de l'escurie du roy, » pour donner carrière à quelque cheval « dans les corridors des Tuilleries. » (*Journal de Henry III*, dans la collection Petitot, 1re série, t. XLV, p. 162.)

Je ne parle pas des bourgeois et des vilains. Vraisemblablement ils ne se privaient pas plus de chevaucher des juments que les voyageurs d'outre Rhin dont il est fait mention dans une vieille chanson de geste. En route pour l'Italie, les ambassadeurs d'Aimeri de Narbonne font la rencontre d'une troupe d'Allemands, dont l'auteur décrit le costume; les uns étaient montés sur de grands chevaux, les autres sur juments à queue rasée :

> Tel i ot ygue à queue recopée,
> Ou haut cheval à la teste levée.
>
> (*Roman d'Aimeri de Narbonne*, analysé dans l'*Hist. litt. de la France*, t. XXII, p. 453.)

Après l'usage d'une jument comme monture, le pire qui pouvait arriver à un chevalier, c'était d'aller en charrette, peine sur laquelle un autre trouvère du XIIe siècle, le célèbre Chrestien de Troyes, donne de curieux détails en tête de son *Roman de Lancelot* :

> De ce servoit charrete lors
> Dont li pilori servent ors *(maintenant)*,

Et en chascune boene vile
Où or en a plus de trois mile,
N'en avoit à cel tans que une;
Et cele estoit à ces commune
Ausi com li pilori sont
A ces qui murtre (*meurtriers*) et larron sont,
Et à ces qui sont chanp chéu (*tombés en champ clos*),
Et as larrons qui ont éu
Autrui avoir par larrecin.
Qui à forfet estoit repris
S'estoit sor la charrete mis
Et menez par toutes les rues,
S'avoit tote henors perdues,
Ne puiz n'estoit à cort oïz,
Ne enorez ne conjoïz.

(Hist. litt. de la France, t. XV, p. 256.)

L'usage, à ce qu'il paraît, s'était perdu, que l'on continuait à y faire allusion; et l'expression *de cheval aller à charrette* subsistait toujours pour indiquer dégradation. Voyez la *Chronique rimée de Philippe Mouskès*, v. 21894, t. II, p. 364. On voit que l'usage de conduire les criminels au supplice dans un tombereau date de loin.

N. 4. — *Li Romans d'Alixandre*, p. 242, v. 28.

N. 5. — « De 17 marcis liberandis J. S. ad emendum unum equum pro rege, » etc. — « De 20 marcis liberandis E. G. ad emendam unam equam pro rege, » etc. (*Catalogue des rolles gascons*, etc., par Thomas Carte, t. I, p. 3.)

N. 6. — On appelle ainsi l'hôtel de ville.

N. 7. — « Remundus de Burdeus... se teneri in LXVI sol. VIII den. sterl. pro uno equo. » (*Collection générale des documents français qui se trouvent en Angleterre*, recueillis et publiés par Jules Delpit, t. I, p. 5.)

N. 8. — « Nous vinmes à Tarbes.... C'est une ville trop bien aisée pour séjourner chevaux, de bons foins, de belles avoines et de belle rivière. » (*Les Chroniques de sire Jean Froissart*, liv. III, ch. X, année 1388, t. II, p. 393, col. 2.) — Le mot *rivière*, dans ce passage, ne paraît pas avoir le même sens qu'aujourd'hui, mais celui de *campagne*, de *vallée*, en espagnol *ribera*. (Voyez le glossaire de M. Edélestand du Méril au poëme de *Floire et Blanceflor.* Paris, 1856, in-12, p. 303.) Le *morel de rivière* sur lequel Jordan Fantosme nous montre un messager allant trouver, à Rouen, Henry II, roi d'Angleterre, était donc tout simplement un cheval noir nourri en plaine.

N. 9. — *Jac. Aug. Thuani de Vita sua,* lib. II, à la suite de l'Histoire de son temps, édition de Londres, 1733, in-folio, t. VII, p. 42, ann. 1582.

P. 14, N. 1. — *Recepte foreyne des trésoriers nostre seignour le prince,* dans la collection de M. Delpit, p. 176, nº CCXXIV.

N. 2. — SATHAN.

> Mettre je me vueil à mestier
> Au monde pour estre usurier.

BERITH.

> Et croyéz que je m'esprouveray
> A estre marchant de chevaulx, etc.

(*Le second Volume du magnificque Mystere des Actes des Apostres.* Paris, 1541, in-folio, liv. VII, feuillet lviii verso, col. 2.)

N. 3. — *Mémoires des sages et royalles œconomies d'Estat de Henry le Grand,* etc., édition aux VV verts, ch. XVIII, p. 41.

N. 4. — Étienne Binet, *Essay des merveilles de nature,* etc., ch. LVI, p. 565.

P. 15, N. 1. — C'est ce que nous appelons aujourd'hui *cap-de-more.* Du mot *cavesse* (espagnol, *cabeça*) est venu notre mot *caveçon,* usité dans les manéges.

N. 2. — Plus ordinairement, c'étaient les chevaux d'Espagne que l'on marquait ainsi. Tallemant des Réaux, parlant de M. de Brégis, auquel il avait fallu couper, pour une maladie, une des lèvres d'en bas, rapporte qu'on l'appela *Castillan,* « à cause que les chevaux de ces pays-là ont le bout d'une oreille coupé. » Voy. les *Historiettes,* 2e édition, Paris, 1840, in-12, t. VII, p. 170.

N. 3. — *Mémoires des sages et royalles œconomies d'Estat,* etc., ch. XVI, p. 33.

P. 16, N. 1. — On appelait cette sorte de cheval, *cheval malet.*

Voyez les lettres de rémission du registre 146 du Trésor des Chartes, ch. 208, citées par D. Carpentier, dans le Glossaire de du Cange, t. II, p. 3, col. 3, au mot *Caballus Maletus.·*

N. 2. — *Mém. des sages et royalles œconomies d'Estat*, etc., ch. XIX, p. 43.

N. 3. — *Mémoires de Vieilleville,* liv. III, ch. XXI; dans la collection Petitot, 1re série, t. XXVI, p. 314.

N. 4. — *Ibid.,* p. 315.

Je profite de l'occasion de M. d'Espinay, nommé plus loin *le marquis d'Espinay* (p. 31, lig. 1), pour mentionner un ouvrage probablement postérieur à lui, et qu'il faut bien se garder de lui attribuer, *la grande Mareschalerie du sieur de Lespinay, gentilhomme perigordin.* Ce traité, dont les manuscrits ne sont pas rares (Catal. Huzard, n° 3566, t. III, p. 327. — *Catal. des livres composant la Bibliothèque de la ville de Bordeaux,* sciences et arts, p. 600, n. 1006), a eu plusieurs éditions, toutes différentes, plus ou moins, les unes des autres. Voyez le premier de ces catalogues, n°s 3535, 3567-3569; t. III, p. 326, 327.

P. 17, N. 1. — *Mémoires de Vieilleville,* liv. V, ch. Ier, vol. XXVII de la collection Petitot, 1re série, p. 3, 4.

N. 2. — En 1578, Henri IV, qui n'était alors que roi de Navarre, suppliait le roi Catholique de permettre au vicomte d'Echaux de tirer et faire passer dix chevaux d'Espagne pour son service; demande très-commune alors, comme on le voit dans les archives de Simancas (Archives de l'Empire), où l'on conserve un grand nombre de lettres de divers souverains de l'Europe adressées également au roi d'Espagne, pour obtenir la permission de tirer des chevaux de son royaume. (*Recueil de lettres missives de Henri IV,* etc., t. I. Paris, 1843, in-4°, p. 90.)

Voyez encore les Mémoires de Jean de Mergey, dans la collection Petitot, t. XXXIV, p. 61; ceux de Guillaume de Tavannes (*ibid.,* t. XXXV, p. 327), et de Jacques Pape (*ibid.,* t. XLIII, p. 490), surtout t. XLIV, p. 571, où il est fait mention d'un cheval turc nommé le Mosquat; le *Journal de Henri III,* à la date du 18 août 1591 (*Ibid.,* t. XLVI, p. 176), et la *Défense de*

La Bruyère et de ses Caractères, par Pierre Coste, à la suite des *Caractères de Théophraste et de La Bruyère,* Paris, 1769, in-8º, t. II, p. 378. La première édition de cette Défense est de 1702. La housse toute couverte d'or et de pierreries dont parle l'auteur, nous fournit l'occasion de faire remarquer qu'à la fin du XVIᵉ siècle, les chevaux de guerre avaient souvent la queue dans une housse. Jacques Pape s'étant enquis, dans une circonstance, du nombre des ennemis, apprit que leurs chevaux avaient la queue d'or : « cette queuë d'or, ajoute-t-il, me fit comprendre que ce n'estoient gens du pays, mais plustost des courtisans avec des housses-queuës de clinquant, » etc. (*Mém.,* 1586; dans la collect. Petitot, 1ʳᵉ série, t. XLIII, p. 471.)

N. 3. — *Chronique rimée de Philippe Mouskès,* v. 614; t. I, p. 25.

N. 4. — Voyez la note 6 de la page 12.

Vers l'an 790, on voit, par une lettre du pape Adrien (*Recueil des historiens des Gaules et de la France,* t. V, p. 582, A), que Charlemagne avait envoyé des chevaux à ce pontife; mais on ne dit pas de quelle race ils étaient.

N. 5. — *Le Roman de Rou,* etc., t. II, p. 193, v. 12673. — *A critical Enquiry into ancient Armour,* etc., by Samuel Rush Meyrick, vol. I, p. 10.

Ce cheval avait été ramené par un pèlerin de Saint-Jacques, circonstance qui doit avoir été fréquente, et où je vois la cause de la célébrité des chevaux de Compostelle. L'auteur du vieux roman provençal de Gérard de Rossillon en mentionne un noir nommé *Faça-bele.* Voyez p. 66 de notre édition.

N. 6. — *Joannis monachi Majoris Monasterii... Historia Gauffredi,* etc. Paris. 1610, in-8º, p. 18.

N. 7. — *Archives d'Anjou,* par M. Marchegay. Angers, 1853, in-8º, p. 257.

Dans les priviléges accordés au monastère bâti à Squirs, appelé plus tard La Réole, par Gombaud, évêque de Gascogne, et son frère Guillaume Sanche, duc du même pays, l'an de J.-C. 977, il est marqué que les chevaux d'Espagne passant par la ville auront à payer quatre deniers par tête au portier. (Labbe, *Novæ*

Bibliothecæ manuscript. librorum tomus secundus, p. 747, lig. 19.)

N. 8. — Voyez les citations rassemblées p. 511, note 5, de l'*Histoire de la guerre de Navarre*.

N. 9. — *La Chanson des Saxons*, couplet XXXVI, t. I, p. 61, et couplet XCIV, p. 160.

> Son escu est à or, à un vermeil lion,
> Et son cheval ferrant, qui vaut tous les gascon,
> Ne seroit eligié *(payé)* pour un mui de mangon.

> (Le Roman d'Alexandre, cité dans le Glossaire de du Cange,
> t. III, p. 29, col. 1.)

P. 18, N. 1. — Voyez le commentaire du poëme de Guillaume Anelier, p. 511, note 7.

N. 2. — Voyez au même lieu, p. 512, not. 1.

N. 3. — *Ibid.*, not. 2 et 3.

N. 4. — J'en trouve un nommé dans le « compte de Pierre Frotier, premier escuyer de corps et maistre de l'escuirie de très-noble et très-excellent et puissant prince, monseigneur le régent du royaume, Daulphin de Viennois, des receptes et mises par luy faictes pour le fait de ladicte escuirie, depuis le xxᵐᵉ jour de septembre, l'an mil cccc dix-neuf, jusques au dernier jour de septembre, l'an mil cccc et vint, » (Archives de l'Empire KK. 53) chapitre intitulé : *Achaz de chevaulx*. Voici les articles qui le concernent, avec ceux qui sont relatifs aux autres marchands étrangers :

Folio 7 verso. « A Diego Martinus, marchant de chevaulx du pays d'Espaigne, pour ung coursier brun bay, une estoille au front et un pié blanc derrière, acheté de lui, vᶜ livres tournois.

• Delivré en l'escuirie de mondit seigneur par l'un de ses paiges, à chevaucher après lui. »

Folio 13 verso. « A Hennequin du Castel, du païs d'Almaigne, pour ung cheval gris pommellé, merqué en la cuisse destre, c liv. tourn.

» Donné à Guillaume Frotier, escuier. »

Folio 14 recto. « A Diago Martinus, marchant de chevaulx du païs d'Espaigne, ijᵐ iijᶜ liv. tourn. qui deuz lui estoient pour vij coursiers dudit païs. »

Folio 15 recto. « A Pierre de Coulongne, marchant, xiiij⁰ liv. tourn. pour trois chevaulx. »

En continuant à parcourir ces comptes, on trouve encore d'autres mentions pareilles. Dans celui du même Pierre Frotier, du 1ᵉʳ octobre 1420 au 30 septembre 1421, on lit :

Folio 75 verso. « A Hanse Depagne, du païs d'Alemaigne, pour un cheval dudit païs, de poil noir, une estoille blanche au front, vj⁰ liv. tourn.

» Donné à maistre Macé Héron, trésorier des guerres.

» A lui, pour un autre cheval dudit païs, cler bay, une estoile blanche au front, viij⁰ liv. tournois.

» Donné à maistre Jehan Cadart, phisizien de monseigneur. »

Folio 80 verso. « A Dyago Martinus, marchant de chevaulx demeurant en Espaigne, pour deux coursiers et deux roncins dudit païs, achetez de lui, vjᵐ ij⁰ liv. tourn. »

Le troisième compte du même, du 1ᵉʳ octobre 1421 au 31 décembre 1422, nous offre les articles suivants :

Folio 120 verso. « A Dyago Martinus, marchand de chevaulx du pays d'Espaigne, pour ung cheval brun-bay à longue queue, M liv. tourn.

» Item pour un autre cheval plus brun-bay, une estoille au front, M ij⁰ liv. tourn.

» Item pour un autre cheval morel à longue queue, ijᵐ liv. tourn.

» Item pour un autre cheval morellet, ung pié blanc derrière, ijᵐ liv. tourn.

» Pour ces quatre chevaulx, vjᵐ ij⁰ liv. tournois. »

Enfin, dans le quatrième compte du même Pierre Frotier, du 1ᵉʳ janvier 1422 (nouveau style 1423), et finissant le 30 septembre 1423, on rencontre la mention qui suit :

« A Jehan Beloysel, garde de l'escuirie et séjour du roy, nostre seigneur, pour ung cheval d'Almaigne, de poil gris, longue queue, acheté de lui la somme de iiijˣˣ liv. tournois. »

Il n'y a pas dans ce registre d'autre mention de marchands étrangers, d'autre indication d'origine; toutes les autres acqui-

11

sitions sont faites à des marchands français, et, en bien plus grand nombre, à des gens de la cour.

(Note communiquée par M. le comte de Laborde, membre de l'Institut, etc.)

Voyez encore les extraits des comptes royaux pour 1419-20, donnés par M. Vallet de Viriville, à la suite de la *Chronique de Charles VII,* par Jean Chartier, t. III, p. 300-302, et à la suite de la *Chronique de la Pucelle,* p. 74, 75. Dans l'un des registres des Archives de l'Empire, où le savant éditeur a puisé, on trouve, comme payée « à Jehan Cavaillon, marchant, pour trois chevaulx achetez de lui, la somme de trois cens escus d'or. » (KK. 53, folio 160 verso.) Ce nom, qui accuse une origine plutôt provençale qu'espagnole, présente encore cela de curieux, que dans notre ancienne langue il signifiait *cheval* (Chroniques de Froissart, édit. du *Panth. littéraire,* liv. III, ch. XXIX, ann. 1385; t. II, p. 469, col. 2), comme en castillan *caballo.* Une circonstance qui ferait croire à un achat de chevaux exotiques, c'est le prix élevé payé pour ces trois chevaux, tandis qu'au feuillet précédent, on voit un petit cheval noir à longue queue acheté dix-huit livres tournois, pour un archer de la garde écossaise du roi.

N. 5. — Voyez la note 4, p. 512, de l'*Hist. de la guerre de Navarre.*

N. 6. — Voyez le même volume, p. 512, not. 5 et 6.

N. 7. — *Hist. de la guerre de Navarre,* p. 513, not. 1.

N. 8. — *Relation des entrées solemnelles dans la ville de Lyon,* etc. Lyon, 1752, in-4º, p. 20.

N. 9. — *The Squyr of lowe Degre,* v. 749; dans le recueil d'anciens romans métriques anglais, de Ritson, t. III, p. 176. Voyez encore p. 8.

N. 10. — « ... Laissant tous ceux qui voltigeoyent sur les genets, chevaux turcs ou sardes, par la ville de Naples, elle proposa de prendre curée d'autre venaison que de ceste folle et éventée jeunesse. » (*L'infortuné Mariage du seigneur Antonio Bologne,* etc., parmi les *Histoires tragiques extraites des œuvres italiennes de Bandel*, etc., par François de Belle-Forest, t. II; Rouen, 1603, petit in-12, hist. XIX, p. 14.) — Le passage qui précède peut servir de commentaire à cet autre du *Marchand de Venise*, act. I, sc. II, où Portia répond à Nérissa, qui lui parle du prince de Naples : « Oui, c'est un jeune étalon, certainement, car il ne parle que de son cheval ; il regarde comme une de ses premières qualités la science qu'il possède de le ferrer lui-même. J'ai bien peur que madame sa mère ne se soit oubliée avec un maréchal. »

En Italie, à ce qu'il paraît, ce fut longtemps la mode de se piquer d'un pareil talent. Mademoiselle de Montpensier parle de l'étonnement causé par le mariage de la princesse Marguerite de Savoie avec le duc de Parme, « malhonnête homme qui n'avoit de passion au monde que celle de bien ferrer un cheval. » (*Mémoires*, ann. 1660, dans la collection Petitot, 2ᵉ série, t. XLII, p. 489.)

Mathurin Regnier, après avoir, dans sa satire V, parlé de la vertu de son temps, qui

> Fait crever les courtaux en chassant aux forests...
> Talonne le genet, et le dresse aux passades,

dit, satire VI, v. 37 :

> Je me deschargeray d'un fais que je desdaigne,
> Suffisant de crever un genet de Sardaigne.

N. 11. — « De nostre costé, il n'y eut pas un seul soldat tué, le sieur de Puivinel[1] ayant eu son cheval tué, qui estoit un genet bay d'Italie. » (*Mémoires du duc d'Angoulême;* dans la collection Petitot, 1ʳᵉ série, t. XLIV, p. 565.) — A la page suivante, le même auteur nous montre M. de Bellegarde, grand écuyer, partant au combat « sur un genet noir nommé *Fregouze*, » comme les membres d'une grande maison de Gênes.

P. 19, N. 1. — Guy de Chabot écrivait à son adversaire,

---

[1] Nul doute que l'écrivain ne veuille parler du fameux Antoine de Pluvinel, premier écuyer des rois Henri III et Henri IV, auquel on doit le *Manège royal*, souvent réimprimé. Voyez le *Manuel du libraire*, au mot *Pluvinel*, t. III, p. 786, 787, etc.

François de Vivonne : « Premierement, vous vous pourvoirez d'un courcier, d'un cheval turc, d'un genest, d'un courtaut. — *Item*, vous vous pourvoirez, pour armer vostre courcier, d'une selle de guerre, d'une selle de jouste..... — *Item*, que lesdits chevaux soient fournis desdites selles, specifiant que ledit genest ait d'avantage une selle à la genette et à la caramane, et le turc, une selle à la turquesque et une selle à la françoise, avec deux doigts d'arçon derrière, et l'arçon bas devant. — *Item*, que le courtaut ait d'avantage une selle à la françoise, » etc. (*Revue des deux Mondes*, cahier du 1er mars 1854, p. 947.)

N. 2. — *Q. Horat. Flacc.*, lib. I, sat. VI, v. 104.

N. 3. — Henri II ayant fait annoncer à M. de La Rochefoucauld, prisonnier à Vienne, qu'il lui gardait un bon courtaut pour courir le cerf, lui tint promesse et lui donna ce cheval, « qui fut le meilleur de son temps et le plus beau, qu'on appeloit *le Greq*, » etc. (*Mémoires de Jean de Mergey*, ann. 1558; dans la collection Petitot, 1re série, t. XXXIV, p. 38, 39.) — Dans d'autres mémoires d'une date plus récente, il est fait mention d'un cheval de l'écurie d'Henri IV, nommé *le Soudal* (sans doute *le Sultan*), donné au duc d'Angoulême. (Même collection, t. XLIV, p. 573.)

N. 4. — « Et estoit tousjours bien monté de bons coursiers, de doubles roncins et de gros palefrois, » etc. (*Les Chroniques de sire Jean Froissart*, liv. Ier, part. 1, ch. CCCXXIV, ann. 1348; t. I, p. 275, col. 2.) — « Ce Croquard chevauchoit une fois un jeune coursier fort embridé, que il avoit acheté trois cents escus, » etc. (P. 276, col. 1.) Voyez encore Yanguas y Miranda, *Diccionario de antiguedades del reino de Navarra*, t. I, p. 268, au mot *Corsier*.

N. 5. — Pernent palefreiz e destriers,
   Trossent rocins, chargent sumiers.

   (*Le Roman de Rou*, etc., v. 10101; t. II, p. 79, 80.)

« Il y a chevaus de plusieurs manières, à ce que li uns sont destrier grant pour le combat; li autre sont palefroi pour chevaucher à l'aise de son cors ; li autre sont roncis pour sommes porter. » Brunetto Latini, *Trésor,* 1re partie, ch. CLV. (*Glossar. med. et inf. Latinitatis,* vo *Palafredus;* t. V, p. 89, col. 2.)

Un poète du XIVe siècle, Eustache Deschamps, s'exprime ainsi dans sa ballade *Des diverses espèces de chevaux :*

> Trois manières truis (*je trouve*) de chevaulx, qui sont
> Pour la jouste, les uns nommez destriers,
> Haulz et puissans, et qui très-grant force ont ;
> Et les moiens sont appellez coursiers ;
> Ceuls vont plus tost pour guerre et sont légiers.
> Et les derrains (*derniers*) sont roncins, et plus bas,
> Chevaulx communs qui trop font de débas :
> Aux labours vont, c'est du gendre (*genre*) villain ;
> Quant jeunes sont, tout ruent en tas :
> Pour ce ne doit nulz homs amer poulain.
>
>   Pourquoy ? pour ce qu'il se cuide (*s'emporte*) et qu'il ront
> En traversant des grans chevaulx sentiers,
> Et en allant s'enbrunche (*se baisse*) et tient son front
> Par devant eulx, comme orgueilleus et fiers,
> Sanz regarder, car de ce est coustumiers ;
> Mais grans chevaulx s'arreste et va le pas,
> Quant il est fait, sanz ruer en tous cas,
> Et plus courtois bien s'ordonne en son train,
> Ce ne fait pas un petis poutriaux cras (*poulain gras*) :
> Pour ce, etc.
>
>   Car telz poulains versent et verseront
> Euls et touz ceuls qui les liévent premiers,
> Si qu'à la fin les cous se casseront,
> Ou advendra c'uns chevaulx grans et fiers
> Ne pourra plus endurer leurs dangiers (*volontés*),
> Si les rura à terre et fera cas,
> Tant qu'ilz mourront soudainement tous plas.
> Par tel orgueil roncins meurent tout plain ;
> Les chevaulx fais vont mieux à droit compas :
> Pour ce, etc.
>
>   *Envoy.*
>
> Princes, chevaulx qui est granz et plimmers (*étoffé*)
> Et faiz du dent, est meilleur et plus sain
> C'un roncin court, jeune et en ses cuidiers (*fantaisies*) :
> Pour ce, etc.
>
>   (*OEuvres morales et historiques,* etc., p. 94.)

N. 6. —   Trois chevaux de paraige
            Soubz luy furent tué.

            (*Fleur des chansons,* folio E verso.)

N. 7. — Voyez notre commentaire sur le poëme d'Anelier, p. 514, notes 3 et 4.

L'auteur des Enfances de Godefroy, décrivant la grande salle d'honneur de l'assemblée des barons à Nimègue, dit :

> Là estoit la bataille de Porus l'aumacor
> Qui ocist Bucifal, son destrier misoldor.
>
> (*Hist. litt. de la France*, t. XXII, p. 394.)

P. 20, N. 1. — *Dictionnaire étymologique de la langue françoise*, de Ménage, édition de Jault, à la fin du t. II, p. 155, col. 2.

N. 2. — *Ibidem*, t. II, p. 210, col. 1.

« C'estoit chose rare au temps passé de voir un homme riche, et le plus riche s'appeloit *milsoudier*, c'est-à-dire qui pouvoit faire dépence de cinquante livres par jour, » etc. (*La Chasse au vieil grognard de l'antiquité* [1622], parmi les *Variétés historiques et littéraires* publiées par M. Édouard Fournier, t. III, p. 47. Voyez encore t. II, p. 279, en note.)

N. 3. — *Li Romans d'Alixandre*, p. 244, v. 31.

Il y avait, comme on sait, en Normandie, une puissante famille de *Toeni*, dont le nom a pu être donné aux sujets sortis de leurs haras, et étendu à d'autres ; mais je ne puis fournir aucune citation qui justifie cette hypothèse.

N. 4. — *Ancien Théâtre françois*, publié par M. Viollet le Duc, t. II, p. 296.

Bidouart signifiait sans doute *bidet*, terme par lequel on désignait alors un pistolet. Voyez l'Estoile, avril 1607 (collection Petitot, 1re série, t. XLVIII, p. 45).

N. 5. — Voyez un exemple de *gailloffre* dans la *Branche des royaux lignages*, de Guillaume Guiart, à l'année 1286. (*Chroniques nationales françoises*, édit. de Verdière, t. III, p. 145, v. 3735.)

Quant au mot *hacquet*, on le trouve employé par un poëte du XVe siècle, Guillaume Coquillart, dans son *Monologue du Puys*, v. 152. (*Poësies*, édition de 1723, p. 157.)

Notons encore *gringalet*, que l'on rencontre dans le *Chevalier à l'Epée*, cité dans les dictionnaires de Borel et de Roquefort, et dans l'*Histoire littéraire de la France*, t. XIX, p. 707.

N. 6. — « Voilà mon genet, voilà mon guildin, mon lavedan, mon *traquenard,* et, les chargeant d'un gros livier, je vous donne, dist-il, ce phryzon ; je l'ay eu de Francfort, » etc. (*Gargantua,* ch. XII.)

L'une de ces espèces me semble encore mentionnée dans la préface des Contes de la reine de Navarre, où, parlant d'une compagnie réunie à l'abbaye de Saint-Savin, l'auteur ajoute : « L'abbé les fournit des meilleurs chevaux qui furent en Lavedan. »

N. 7. — *Histoire de la croisade contre les hérétiques albigeois,* p. 88, v. 1216. — *Li Romans de Garin le Loherain,* t. I, p. 95 ; t. II, p. 186. Voyez encore t. I, p. 40, note 2. — *C'est de Troies,* Ms. de la Bibl. imp. n° 6987, folio 83 verso, col. 1, v. 23. — *Li Romans de Bauduin de Seboure,* ch. XIV, v. 166, t. II, p. 6 ; ch. XVII, v. 978, p. 153 ; ch. XVIII, v. 35, p. 158.

L'auteur d'*Otinel* (p. 26, v. 721) mentionne un mulet de Hongrie, et celui de la Chanson d'Antioche, un âne de ce pays. (Ch. VII, coupl. XXIX, t. II, p. 183.)

P. 21, N. 1. — Raimbert de Paris, *la Chevalerie Ogier de Danemarche,* v. 12594, t. II, p. 536. — Voyez encore *le court Mantel,* v. 48. Une variante donne : *De Lombardie et d'Alemaingne,* qui nous semble la véritable leçon.

N. 2. — *La Chevalerie Ogier de Danemarche,* v. 12018 ; t. II, p. 501.

N. 3. — Bignon, Note sur le titre XL de la loi Salique, au mot *Spadonatum.* — *Dictionnaire étymologique de la langue françoise,* par Ménage, t. II, p. 42, col. 1.

Roquefort (*Glossaire de la langue romane,* t. I, p. 734, col. 2) donne pour synonyme à *hongre,* le mot *haque.* D. Carpentier, qui rend ce terme par *à moitié coupé,* cite des lettres de rémission de l'année 1457 qui semblent offrir un sens tout à fait différent : « Oddo de Benqua increpando Johannem de Forgis, quia sic tenebat unum equum *haque,* quod est animal malitiosum, juxta seu prope dictum jumentum. » (*Gloss. med. et inf. Latin.,* t. III, p. 624, col. 3.)

N. 4. — Voyez, à ce sujet, les remarques de M. Édélestand du

Méril, dans l'*Athenæum français*, n° du 25 novembre 1854, p. 1112, col. 3.

N. 5. — Collection Petitot, 1re série, t. XXXVI, p. 45.

N. 6. — *Chronologie novenaire*, de Palma Cayet, ann. 1595. (*Ibid.*, t. XLIII, p. 159, 161.) Plus loin, p. 318, les Hongrois sont appelés *Hongriens*.

N. 7. — Voyez les romans cités dans le commentaire du poëme de Guillaume Anelier, p. 515, note 7, en y ajoutant *Gui de Bourgogne*, p. 18, v. 553.

N. 8. — *Histoire de la guerre de Navarre*, p. 515, note 8.

P. 22, N. 1. — *Chroniques d'Enguerrand de Monstrelet*, ann. 1418, liv. Ier, ch. CCIII; édition du *Panthéon littéraire*, p. 441. — Saint-Remy, *Histoire de Charles VI*, ch. XCI, p. 127. — *La très-elegante... Hystoire du... roy Perceforest*, etc. Paris, 1531, in-folio, feuillet iii recto, col. 3.

Voyez, sur le mot *hobin*, l'article du *Dictionnaire étymologique de la langue françoise*, de Ménage, t. II, p. 38.

N. 2. — *Histoire de Charles VII*, par Mathieu de Coussy, à la suite de celle du même roi, par Jean Chartier, p. 593.

Philippe de Commines, liv. VI, ch. VII, rapportant la mort de la duchesse d'Autriche, en 1481, dit qu'elle chevauchait un *hobin* ardent. Lanoue explique *haubin* par *cheval d'Escoce*, et *guilledin*, par *cheval d'Angleterre ou d'Escoce, cheval qui va l'amble*. Voyez *le grand Dictionnaire des rimes françoises*, etc. Genève, 1624, in-8°, p. 222, col. 2.

On raconte de Pierre, roi d'Aragon, qu'épris de Catherine Rebuffe, il poussa la passion jusqu'à entrer publiquement dans la ville de Montpellier sur une haquenée blanche, portant derrière lui sa maîtresse en croupe. Les habitants, flattés de l'honneur qu'avait reçu leur concitoyenne, demandèrent au roi cette même haquenée, qu'ils obtinrent, et imposèrent à la ville la charge de la nourrir et d'en prendre soin. Elle vécut près de vingt ans, et ne paraissait qu'au même jour où le roi avait fait son entrée. On la promenait autour de la ville, les chemins étaient parsemés de fleurs; et toute la jeunesse était autour de la haquenée en chantant et dansant. Ils prirent goût à cette espèce de fête, et après que la pauvre bête eut assez vécu, ils imaginèrent de remplir sa peau de foin, et de recommencer tous les ans la même cérémonie. C'est de cette peau empaillée, dit-on, que la fête du chevalet a pris naissance. (*Dictionnaire de Moreri*, art. *Chevalet.* — D. Vaissete, *Histoire de Languedoc*, t. III, note XIV, p. 557, col. 2.)

N. 3. — *Les Chroniques de sire Jean Froissart*, liv. III, ch. CXXXV; t. III, p. 755, col. 2.

P. 23, N. 1. — Guil. Somner, *Dictionarium Saxonico-latino-Anglicum*, etc. Oxonii, 1659, in-folio, sub verbo.

N. 2. — « Mannus, Equus. J. de Juana : Mannus, a mansuetus, palephredus, quia mansuetudinem manuum sequatur, vel quod mansuetus sit : vel dicitur a manus, quia manu nitatur et dicatur. » (*Gloss. med. et inf. Latin.*, t. IV, p. 235, col. 1.)

N. 3. — « Mannum autem regis (Ludovici Henricus) in crastinum ei remisit, cum sella et freno et omni apparatu, ceu regem decuit. Guillelmus quoque Adelingus Guillelmo Clitoni, consobrino suo, palefridum, quem in bello pridie perdiderat, remisit, » etc. (Orderic. Vital., *Hist. Eccles.*, lib. XII, ed. Aug. le Prevost, t. IV, p. 362. — *Rec. des hist. des Gaules et de la France*, t. XII, p. 723, A.)

N. 4. — *Partonopeus de Blois*, v. 2074-77; t. I, p. 71.

N. 5. — *Proverbes et dictons populaires aux XIII⁰ et XIV⁰ siècles*, p. 114.

Dans un dénombrement de pays qui envoyaient des marchandises à Bruges et en Flandre, on voit figurer le Danemark, entre autres, pour les palefrois. (*Fabliaux ou contes*, édit. de Renouard, t. IV, p. 8.) On lit dans un ancien roman :

> Lors voient venir l'ambléure
> Une courtoise damoiselle...
> Desus un *palefroi norrois*.
>
> (*Le Roumanz de Claris et de Laris*, manuscrit de la Biblioth. impér. n⁰ 7534-5, folio 72 recto, col. 1, v. 18.)

P. 24, N. 1. — A l'autre lez venant huaut
        Ne sai quex chevalier françois,

Si acesmez et si *norrois*
Que ce n'est se merveille non.

(*Les Tournois de Chauvenci,* etc., p. 69, v. 1458.)

Se contesse estiez de Guisnes,
Si fetes-vous trop lo *norrois.*

(*Nouveau Recueil de fabliaux,* etc., t. II, p. 47.)

Voyez encore le *Glossaire de la langue romane,* de Roquefort,
t. II, p. 245, col. 1.

N. 2. —   Passar por Escotz et Englès,
                Noroecx et Yrlans e Galès.

(Pierre du Vilar : *Sendatz vermelhs,* etc., dans le *Choix
des poésies originales des troubadours,* t. IV, p. 187.)

N. 3. — *Les Chroniques de sire Jean Froissart,* liv. I, part. I,
ch. CCCV; t. Ier, p. 252, col. 2.

N. 4. — *Ibid.,* liv. II, ch. CXXVIII; t. II, p. 315, col. 2.

Dans les comptes des grands chambellans d'Écosse, on trouve
enregistrée une somme de quatorze sous quatre deniers, prix
de deux chevaux avec leurs selles, donnés par Robert II, avant
1392, aux envoyés du roi de France. (*The Accounts of the great
Chamberlains of Scotland,* etc., vol. II, p. 209.) — Voyez, sur les
chevaux écossais et sur leur prix au XVIe siècle, John Mair,
Historia Majoris Britanniæ, etc., liv. Ier, édit. de 1521, folio xii
recto.

N. 5. — Lettre du 17 juillet 1550. (*State Paper Office,* à Londres.) La suite de ce document, qui est fort curieux, nous montre la même faveur étendue jusqu'au charbon de terre, pour être
agréable au roi de France.

Les haquenées d'Écosse étaient fort recherchées dans notre
pays; le frère utérin de Marie Stuart, le petit duc de Longueville,
ne se lasse pas d'en réclamer qu'on lui a promises : « Vous ne
m'avez point escrivé, je suis bien mary si je jouye bien à l'es-
bahy; et grand papa m'a donné ung cornet, et je le porte à la
chasse; et m'envoyés ung seval d'Ecosse pour me porter, et

maman Petault, qui me portera darrière, » etc. — « Je escript
que je me recommande à la royne madame, et qu'elle m'envoye
une petite hacquenée, deux hacquenées, une rouge et une grise,
pour aller deçus à Digon en Bourgonne... et grand papa envoye
un grand cheval gris à papa le roy d'Escosse, et mes petites
hacquenées grises ne sont pas encore venues d'Escosse, » etc.
Le 25 avril, le duc de Longueville, qui portait alors le titre de
marquis de Rothelin, revient ainsi à la charge dans une lettre
datée de Beaugency, et doublée, pour ainsi dire, par une écrite
à Vauvert le 13 juillet ; seulement, ce n'est plus à sa mère qu'il
s'adresse, mais à sa sœur : « Madame, je vous prye avoir me-
moyre des hasquenez que me promistes à vostre partement de
France, » etc. Il est à regretter que la correspondance des Gui-
ses avec Marie de Lorraine et sa fille, conservée à Édinburgh
parmi les *Balcarres Papers*, soit le plus souvent sans date.

P. 25, N. 1. — Pitcairn, *criminal Trials in Scotland*, vol. I,
part. I, p. *301.

La femme de Jacques V, Marie de Guise, ayant eu un fils, le
cardinal de Lorraine s'empressa d'en faire compliment à sa nièce
et de lui annoncer, de la part de Henri II, l'envoi, pour son
mari, de trois chevaux d'Espagne et d'un coursier de sa race,
c'est-à-dire de son haras.

N. 2. — *Ce sont li royaume et les terres desquex les marchandises viennent à Bruges et en la terre de Flandres*, etc., publié par
le Grand d'Aussy, dans ses *Fabliaux ou contes ;* édit. de Renouard, t. IV, p. 8.

N. 3. — Étienne Binet, *Essay des merveilles de nature et des
plus nobles artifices*, etc., ch. LVI, p. 565.

N. 4. — Voyez le texte d'Andrew de Winton, dans notre
commentaire sur le poëme de Guillaume Anelier, p. 516, not. 7.

N. 5. — Matt. Paris. *Hist. major*, p. 645, A. D. 1244.

Les curieux jaloux d'en savoir plus long sur l'élève des chevaux en Écosse dans les temps anciens, devront recourir au
travail de Roger Robertson, de Ladykirk, intitulé : *Observations
and Facts concerning the Breed of Horses in ancient Times*, et in-

séré dans les *Transactions of the Society of Antiquaries of Scotland,* vol. I, p. 272-281.

N. 6. — *Li Romans d'Alixandre,* p. 285, v. 31.

N. 7. — *Ibidem,* p. 460, v. 30.

N. 8. — *Ibid.,* p. 483, v. 4.

N. 9. — *Ibid.,* p. 129, v. 14; p. 157, v. 38.

Dans *la Chevalerie Ogier de Danemarche,* c'est *Bonivent* qui est le nom du dextrier. Voyez v. 1675; t. I, p. 70.

N. 10. — *C'est de Troies,* manuscrit de la Bibliothèque impériale n° 6987, folio 84 verso, col. 4, dernier vers. — *Li Romans d'Alixandre,* p. 180, v. 21.

N. 11. — *Hist. de la guerre de Navarre,* p. 516, not. 14.

N. 12. — *La Chevalerie Ogier de Danemarche,* v. 5021; t. I, p. 205.

P. 26, N. 1. — *Illustrations of British History,* etc., by Edmund Lodge. London, 1791, in-4°, t. II, p. 171.

N. 2. — *Annales Francorum Loiseliani,* dans le grand recueil des historiens de France, de Du Chesne, t. II, p. 26, B. — *Einhardi Annales de gestis Pipini,* dans le même volume, p. 235, C.

N. 3. — *Mémoires de Philippe de Commines,* liv. VI, ch. VIII, ann. 1482.

N. 4. — Journal d'André de la Vigne, dans l'*Histoire de Charles VII,* de Denys Godefroy, p. 139.

N. 5. — « On offrit au roi, dit M. de Ségur, un si beau cheval de bataille, qu'il devint sa monture favorite; il l'appela *Savoie* par courtoisie, nom qu'à l'imitation d'Alexandre le Grand, il fit plusieurs fois citer dans son histoire, jugeant sans doute convenable de transmettre aux siècles à venir le nom de cet autre Bucéphale. » (*Histoire de Charles VIII,* part. III, liv. V, ch. I.) L'auteur venant de dire que « le duc de Bresse, depuis duc de Savoie, se mit de l'expédition, » il est à présumer qu'il a compris et a voulu faire entendre que par *Bresse* il faut entendre la province de France ainsi appelée, et non celle de Brescia, en Lombardie.

P. 27, N. 1. — *Mémoires de Philippe de Commines,* liv. VIII, ch. VI.

N. 2. — Étienne Binet, *Essay des merveilles de nature et des plus nobles artifices,* etc. Rouen, 1622, in-4º, ch. LVI, p. 565.

N. 3. — « Ad hoc populositas ipsa armis et equis maxime, arvorum culturæ aut morum minime student. » (Guill. Pictav., *Gesta Guillelmi ducis Normannorum et regis Anglorum,* ap. Andr. du Chesne, *Historiæ Normannorum Scriptores antiqui,* p. 192, B.)

N. 4. — *Hist. de la crois. contre les hérétiques albigeois,* p. 16, v. 211.

> El palafre fo de Bretanha,
> E es plus vert que erba de prat ;
> E fo vermelha la mitat,
> E la cri e la coa saissa ;
> E per la cropa une faissa
> Plus blanca que flor de lir, etc.

« Le palefroi fut de Bretagne, et il est plus vert qu'herbe de pré ; et la moitié fut vermeille, et le crin et la queue de même ; et par la croupe une bande plus blanche que fleur de lis. »

> Pierre Vidal : *Lai on cobra,* etc. (*Lexique roman,* t. I, p. 408.— *Die Werke der Troubadours,* t. I, p. 243. Voyez encore Millot, *Hist. litt. des troub.,* t. II, p. 298, 299.)

Ce devait être là un palefroi pareil à celui dont parle Benoît de Sainte-Maure :

> Hector monta sur Galatée,
> Que li tramist Ornains la fée,
> Qui moult l'ama et moult l'ot cier, etc.

> (*C'est de Troies,* Ms. de la Bibl. imp. 6987, fol. 84 verso, col. 2, v. 39.)

On lit dans la description du cheval de Camille, du *Romans d'Eneas :*

> Le col ot bai et fu bien gros,
> Les crins indes (*bleus*) et vers par flos ;
> Tot ot vaire l'espalle destre,
> Et ot bien grise le senestre.

> (*Essai sur li Romans d'Eneas,* par Alexandre Pey, p. 15.)

N. 5. —
> Li rois li done un palefroi,
> Qui d'une part estoit tous blans ;
> De l'autre, rouges comme sans,
> Mès c'une tache avoit vermeille

El blanc du chief, desus l'oreille,

Et el vermeil, desus la hanche,

Si r'avoit une tache blanche.

(Floire et Blanceflor, p. 40, v. 964.)

C'est-à-dire : « Le roi lui donne un palefroi qui d'un côté était tout blanc ; de l'autre, rouge comme sang, sinon qu'il avait une tache rouge au blanc de la tête, sur l'oreille ; et au côté rouge, sur la hanche, il avait une tache blanche. »

N. 6. — *Proverbes et dictons populaires*, etc., p. 114.

De la Motte Messemé, parlant des courtisanes de l'armée du duc d'Albe, dit :

> Leurs montures n'estoyent des bestes de Bretagne.
> L'une avoit un cheval, et l'autre lentement
> Alloit sus un mulet, ou sus une jument.

(Les sept Livres des honnestes loisirs, Paris, 1587, in-12, liv. I, p. 19.)

Il semblerait que par *bestes de Bretagne,* le poëte veuille désigner des ânes.

N. 7. — *Barzas-Breiz,* chants populaires de la Bretagne, recueillis et publiés par Théodore de la Villemarqué. Paris, 1839, in-8°, t. I, p. 142.

P. 28, N. 1. — Anvers, 1725, in-folio, t. I, p. 399. C'est la trente-quatrième lettre du livre II.

N. 2. — *Q. Aurelii Symmachi... Epistolarum ad diversos lib. X.* Lugduni, 1698, in-8°, lib. IX, ep. XX-XXII, p. 416, 417.

N. 3. — *La Chanson d'Antioche,* ch. VIII, coupl. X, v. 198 ; t. II, p. 208.

N. 4. — Dans une de ses lettres à Philippe de Valois, en date de Pise, 1311, Foulques de Vilaret, grand maître de l'ordre de Saint-Jean de Jérusalem, parle d'achats de chevaux faits aux foires d'Espagne et ailleurs. (Trésor des chartes, aux Archives de l'Empire, J. 442, n° 15.)

Un rimeur de l'époque voudrait nous faire croire qu'à Saint-Denis, aux portes de Paris, on trouvait également les meilleurs chevaux du monde :

> Si n'obli pas, comment qu'il aille,
> Ceux qui amainent la bestaille...

Et ceus qui vendent les chevaus,
Ronsins, palefrois et destrier,
Les meilleurs que l'en puet trover,
Jumens, poulains et palefrois
Tels com pour contes et pour rois.

Le Dit du Lendit rimé, v. 141. (*Fabliaux et contes*, etc., t. II, p. 306.)

Un autre trouvère cite, à Paris,

La rue Pierre-Sarrazin
Où l'en essaie maint roncin, etc.

Le Dit des rues de Paris, v. 41. (*Ibid.*, p. 241.)

P. 29, N. 1. — *Lettres de rois, reines et autres personnages des cours de France et d'Angleterre,* etc., publiées par M. Champollion-Figeac, t. I, p. 285, 286.

Quinze ans plus tard, Philippe IV défendait de transporter hors du royaume or et argent monnoyés et non monnoyés, joyaux, pierres précieuses, armes, chevaux et autres choses servant à la guerre, sans sa permission par écrit. (*Ordonnances,* etc., t. XI, p. 386, 387.) Ce prince renouvela lesdites défenses vers 1302 (*ibid.*, p. 395), et Jean II comme Charles VI rendirent des lois semblables.

Voyez, dans la même collection, diverses lois qui fixent les droits à payer pour l'exportation des chevaux et les droits mis sur leur importation.

N. 2. — *Collection générale des documents français qui se trouvent en Angleterre,* etc., recueillis et publiés par Jules Delpit, t. I, p. CLXII, et p. 26, 27, n° LXII.

N. 3. — *Ordonnances*, etc., t. II, p. 76, n° 13.

N. 4. — *Ibidem*, p. 203, n. 8.

N. 5. — *Ibidem*, t. IV, p. 670, art. IV.

P. 30, N. 1. — Voyez notre commentaire sur le poëme d'Anelier, p. 512, not. 5, et p. 519, col. 1.

N. 2. — « In hac tertia Walliæ portione quæ Powisia dicitur, sunt equitia peroptima, et equi emissarii laudatissimi, de Hispanensium equorum generositate, quos olim comes Slopesburiæ, Robertus de Belesmo, in fines istos adduci curaverat, originaliter propagati, » etc. (*Giraldi Cambrensis Itinerarium Cambriæ,* lib. II, apud Camden, *Anglica*, etc., p. 875, l. 57.)

Dans une notice sur les races domestiques de chevaux insérée au *Moniteur universel*, n° du 16 mars 1855, col. 5 *(Origine de la race anglaise. — Erreurs à ce sujet)*, feu M. Dureau de la Malle ne fait remonter la première importation certaine d'étalons étrangers qu'au temps de Charles II, contrairement à l'opinion commune, qui attribue la race anglaise actuelle au croisement des juments bretonnes avec des chevaux persans, turcomans ou arabes, importés par Henry VIII et par sa fille Élizabeth. Suivant M. le vicomte Redon de Beaupréau *(Revue contemporaine,* t. XVI, p. 337), « la race anglaise connue sous le nom de *pur sang* date des juments de Cromwell, amenées d'Orient sous le Protecteur, et exclusivement alliées à des étalons de même origine. »

L'histoire anglaise à laquelle nous renvoyons plus loin, est celle de Foulques Fitz-Warin, p. 91. Voyez encore nos *Recherches sur le commerce, la fabrication et l'usage des étoffes de soie,* etc., t. I, p. 332.

N. 3. — « Ne quis dimittat equum suum ultra mare, nisi velit eum dare. » (*Leges Adelstani regis*, art. XXIII, dans le recueil des lois anglo-saxonnes de Wilkins. Londres, 1721, in-folio, p. 52. Voyez encore la Chronique de John Bromton, dans la collection d'historiens anglais de Roger Twysden, t. I, col. 843, lig. 48.)

N. 4. — Stat. II Hen. VII, ch. XIII. (*The Statutes of the Realm, printed by command of His Majesty King George the Third*, etc., vol. II, 1816, in-folio, p. 578.)

N. 5. — Voyez ci-dessus, p. 29.

« Il est inhibé, dit Cleirac, dans les *Us et coutumes de la mer,* etc., p. 33, de faire sortir et porter hors le royaume en tout temps... les armes, salpestres, poudre à canon, *chevaux de prix,* harnois et toute sorte de munitions de guerre, » etc. L'auteur cite « *Bulla cœnæ Domini, et ibi Rebuffus : Annales d'Aquitaine,* IVe partie, feuillet 274. »

Dans les Mémoires de l'Académie royale d'Histoire de Madrid, t. V, p. 174, 175, on lit un ordre d'Alphonse III, roi d'Aragon, adressé, en 1290, aux viguiers et bailes de Tarragone, de ne point mettre empêchement à l'embarquement des chevaux, mulets, effets et grains destinés à secourir la terre sainte, qu'il avait permis au grand maître des Templiers de faire sortir de ses États.

P. 31, N. 1. — *Mémoires de Vieilleville*, liv. III, ch. XXIV, ann. 1549; dans la collection Petitot, 1re série, t. XXXVI, p. 320-322.

N. 2. — Lettre datée de Sheffield, le 3 septembre 1580. (*Lettres, instructions et mémoires de Marie Stuart*, etc., publiés par le prince Alexandre Labanoff. Londres, 1844, in-8o, t. V, p. 177, 178.)

N. 3. — *Mémoires et journal du marquis de Dangeau*, etc. Paris, 1830, in-8o, t. I, p. 365 (14 nov. 1687). — *Abrégé*, etc., extrait par Mme de Genlis. Paris, 1817, in-8o, t. I, p. 206.

N. 4. — *Mémoires du duc de Saint-Simon*, ann. 1706; édit. de Sautelet, t. V, p. 194.

Ce prince était, à ce qu'il paraît, un excellent cavalier. L'auteur d'une description de la cavalcade faite pour la majorité de Louis XIV en 1651, cite sa grâce et son adresse à manier son barbe de poil isabelle, « lequel, dit-elle, par sa gaieté, qui le fit soulever et aller plusieurs fois à courbettes, vérifie le dire de Plutarque : Que les chevaux ne flattent point les rois : ce qui a donné sujet au nôtre de se rendre un des meilleurs écuyers de son royaume. » (*Mémoires de Madame de Motteville*, dans la collection Petitot, 2e série, t. XXIX, p. 285.)

Brantôme rend le même témoignage à Henri II : « Le roy, dit-il, fut un des meilleurs et des plus adroicts à cheval de son royaume. » (*Des Hommes*, 1re partie, liv. II, ch. LXXIV; parmi les œuvres complètes de Brantôme, édit. du *Panthéon littéraire*, t. I, p. 306, col. 1.)

Cet écrivain n'a pas moins d'éloges pour Charles IX, qu'il représente comme passionné pour la chasse : « Il aymoit fort aussy l'exercice des chevaux et à les picquer; et ceux qui alloient plus haut estoient ses favorys, comme j'ay veu le moreau superbe, qui alloit à deux pas et un saut, et d'un très-haut et très-bel air. Aussy estoit-il fort adroict à cheval, et l'y faisoit très-beau veoyr, comme il se fit bien paroistre à Bayonne devant des Espaignols qui l'admiroient, et sur-tout le duc d'Albe, et mesmes en aage si tendret de quinze ans qu'il estoit. » (*Des Hommes,* Ire partie, liv. III, ch. XIII; parmi les œuvres de Brantôme, t. 1er, p. 567, col. 1.)

Mademoiselle de Montpensier rapporte aussi que lorsqu'en 1649, le roi d'Angleterre vint en France, sa première conversation avec Louis XIV fut « de chiens, de chevaux, du prince d'Orange, et des chasses de ce pays-là. » (*Mémoires,* dans la collection Petitot, 2e série, t. XLI, p. 65.)

N. 5. — Le Grand d'Aussy, *Fabliaux ou contes,* 3e édition, t. III, p. 145.

N. 6. — *Ibidem.*

N. 7. — « J'estois monté sur un cheval d'Espagne alezan, beau et bon, qui m'avoit cousté mille escus de Geronimo Gondi, » etc. (*Mémoires de Bassompierre,* ann. 1603, dans la collection Petitot, 2e série, t. XIX, p. 306.) — « M. de Guise estoit monté sur un petit cheval nommé l'*Epenes,* et moi sur un grand coursier que le comte de Fiesque m'avoit donné. » (*Ibid.,* ann. 1605, p. 345. — *Ibid.,* t. XX, p. 264.)

Mademoiselle de Montpensier, qui parle des chevaux de M. de Guise et les qualifie d'admirables (*Mémoires,* dans la collection Petitot, 1re série, t. XLII, p. 57), avait déjà dit, à l'année 1653 : « Je trouvai à Fontainebleau des chevaux anglois que j'avois fait venir; dont je fus fort aise : il y avoit longtemps que j'avois envie d'en avoir un nombre... Ceux-là se trouvèrent bons et beaux, » etc. (*Ibid.,* t. XLI, p. 417.)

Dans un autre endroit, Mademoiselle mentionne des chevaux allemands qu'elle avait reçus en don : « Je trouvai à Pont, dit-elle, un attelage de petits chevaux isabelles, avec des crins noirs et une raie noire sur le dos, que le comte de Holac m'envoyoit. Il y avoit longtemps qu'ils estoient partis d'Allemagne; ils ne venoient pas de Flandres. (*Ibid.,* ann. 1656; t. XLII, p. 85.)

N. 8. — *Mémoires de Bassompierre,* dans la collection Petitot, 2e série, t. XX, p. 264.

P. 31, N. 1. — Voyez *Notice sur les chevaux anglois et sur les courses en Angleterre*, par J.-B. Huzard fils ; dans les *Mémoires d'agriculture, d'économie rurale et domestique*, publiés par la Société royale et centrale d'agriculture, année 1817, p. 347-360.

N. 2. — *Observations on the more ancient Statutes from Magna Charta to the twenty-first of James I. cap. XXVII.* By the Honble Daines Barington. 5th ed[n]. London, 1796, in-4°, p. 499.

N. 3. — Par exemple, dans le registre D, folio 125, on voit, en 1306, le cheval blanc d'un commerçant saisi et estimé trente sous. (J. Delpit, *Collect. génér. des docum. fr. qui se trouvent en Angleterre*, etc., p. LXXIX. Voyez encore p. XCII, ligne 7.)

Chez nous, s'il est permis de généraliser ainsi une ordonnance rendue en faveur des bourgeois de Neufchâteau en Lorraine, les chevaux de bataille et les armures ne pouvaient être saisis pour dettes. (*Ordonnances*, etc., t. VII, p. 364, n° IX.) Une autre ordonnance porte qu'à Dommart, lorsque les vassaux du seigneur auront fait cession de biens, ils ne pourront être arrêtés dans la ville par les bourgeois, s'ils ne descendent point de cheval ; s'ils en descendent, ces bourgeois, avec la permission du prévôt ou du vicomte, pourront saisir leur cheval. (*Ibid.*, p. 691, n° VIII.)

N. 4. — *Rotuli Parliamentorum*, etc., six volumes in-folio, imprimés en 1765, aux frais du gouvernement anglais, t. J, p. 228, 245. Ces indications se rapportent à une taxe des bourgeois de Colchester, où figure le nombre de leurs chevaux, de leurs bestiaux, etc.

Le *Liber quotidianus contrarotulatoris garderobœ* cité dans la même ligne, a été imprimé à Londres en 1787, in-4°. On en trouvera le titre transcrit tout au long dans la table des notes de l'*Histoire de la guerre de Navarre*, p. 754, note 5.

N. 5. — *Rotuli Parliamentorum*, etc., t. IV, p. 237.

P. 33, N. 1. — *Archœologia*, etc., vol. XXI, p. 473. — *The Privy Purse Expences of King Henry the Eighth*, etc., by Nicholas Harris Nicolas. London, 1837, in-8°, p. 329.

N. 2. — *Nouvel Examen de l'usage général des fiefs en France,*

t. II, p. CLXVI, col. 1 et 2 ; p. CLXIX, col. 1 ; p. CLXXVI, col. 2 ;
p. CLXXXVII, col. 1 et 2 ; p. CCII, col. 2 ; p. CCIII, col. 2 ; p. CCVI,
col. 2 ; p. CCVII, col. 1, etc.

N. 3. — *Fabliaux ou contes,* etc., 3ᵉ édition, t. III, p. 143.

N. 4. — Recettes et dépenses de l'an 1234, art. II; dans le
Recueil des historiens des Gaules et de la France, etc., t. XXI,
p. 241, K.

On ne peut se faire une idée des difficultés dont était hérissé
le commerce des chevaux, par suite des péages ou droits de tra-
vers que les marchands avaient à payer à chaque pas. Généralement, on exigeait ces droits des chevaux qu'ils menaient *sans
selle et sans frein;* quant à ceux qui, menant des chevaux, affir-
maient qu'ils n'en faisaient pas le commerce, ils étaient quittes
de toute redevance. On peut imaginer les contestations soule-
vées par un pareil régime, et les pertes de temps qui en résul-
taient. (Voyez, entre autres ouvrages, les *Monuments de l'histoire
du tiers-état,* d'Augustin Thierry, t. I, p. 254, 255, 261, 262.)

N. 5. — Recettes et dépenses de l'an 1234, art. VI *(equi et
roncini);* dans le *Recueil des historiens des Gaules,* etc., t. XXI,
p. 248, 249. — Tablettes de cire de Jean Sarrazin. *(Ibid.,* p. 257,
B, 258.)

P. 34, N. 1. — *Mémoires de Jean, sire de Joinville,* etc. Paris,
Firmin Didot, 1858, in-12, p. 154.

N. 2. — *Ibid.,* p. 205, 206.

N. 3. — Le Grand d'Aussy, *Fabliaux ou contes,* etc., t. III,
p. 144.

N. 4. — *Ibid.,* t. II, p. 336; t. III, p. 372.

P. 36, N. 1. — Tout ce qui précède sur les prix des chevaux
portés dans le *Cartulaire de l'abbaye de Saint-Père de Chartres,*
et leur comparaison avec le compte général des revenus du roi
en 1202, est emprunté aux prolégomènes de M. Guérard,
p. CXC-CXCIJ, nᵒˢ 183-185; mais nous y avons laissé les renvois
aux textes.

N. 2. — « Et que nus dès ore en avant, combien qu'il soit
riches hom, soit clers, soit lais *(laïque),* ne puit achater pa-

lefroi de plus haut de *(plus cher que)* soixante libres de tournois; ne escuiers, combien qu'il soit gentix hom ne combien
qu'il ait de rente, n'achate roncin amblant au plus de quinze
libres de tournois, ne trotant de plus de vingt libres de tournois
pour son chevauchier, se ce n'est cheval pour porter armes, se
il n'est flex *(fils)* qui eust cinq mil livrées de terre, ou plus; ou
se il-meimes ne les avoit, et s'il ne pourroit avoir amblant plus
de vingt-cinq livres par achat. » *(Bibliothèque de l'École des
chartes, 3ᵉ série, t. V, 1853, p. 180. Voyez encore p. 181.)*

P. 37, N. 1. — *Li Romans de Bauduin de Sebourc,* ch. III,
v. 677; t. Iᵉʳ, p. 82.

P. 38, N. 1. — Voyez ci-dessus, p. 5, 6.

N. 2. — *Histoire de la guerre de Navarre,* p. 523, not. 1.

P. 39, N. 1. — Nous avons emprunté cette estimation aux
tableaux de M. Natalis de Wailly, qui sont d'une très-grande
exactitude. Voyez *Mémoire sur les variations de la livre tournois
depuis le règne de saint Louis jusqu'à l'établissement de la monnaie décimale,* dans les Mémoires de l'Institut impérial de France
(Académie des inscriptions et belles-lettres), t. XXI, 2ᵉ partie,
p. 380. Voyez encore le *Recueil des historiens des Gaules et de la
France,* t. XXI, p. LXXIX.

N. 2. — Nous avons ainsi, depuis 1569 jusqu'à nos jours, des
recueils des marques des meilleurs chevaux et des principaux
haras de Venise, de Naples et même des États romains. Voyez
le Catalogue Huzard, nᵒˢ 4861-4873; t. III, p. 446, 447.

P. 40, N. 1. — *Histoire généalogique et chronologique de la
maison royale de France,* etc., t. VIII, p. 465.

P. 41, N. 1. — *Procès des Templiers,* par M. Michelet, t. II,
p. 218.

N. 2. — *Bibliothèque françoise,* par l'abbé Goujet, t. IX,
p. 71, 72.

A la ligne suivante, corrigez une faute d'impression, 1504 qui
est mis à tort pour 1304.

N. 3. — Vers 12263; dans la *Collection des Chroniques françoises,* édit. de Verdière, t. VIII, p. 472.

N. 4. — Anselme, *Histoire généalogique et chronologique de la maison royale de France,* etc., t. VIII, p. 464.

N. 5. — *Le Dit des rues de Paris,* v. 452. (*Fabliaux et contes,* édition de Méon, t. II, p. 269.)

P. 42, N. 1. — *Réglements sur les arts et métiers de Paris,* etc., p. 421, 422.

N. 2. — *Ordonnances,* etc., t. X, p. 282.

Dans le Livre de la taille de Paris pour l'an 1292, on trouve deux courtiers de chevaux, l'un demeurant rue Beaubourg et payant deux sous, l'autre domicilié rue des Petits-Champs et taxé quatorze. (*Paris sous Philippe-le-Bel,* etc. Paris, 1837, in-4°, p. 78, col. 2, et 84, col. 2.) On rencontre aussi deux mentions de marchands de chevaux (p. 156, col. 2, et 158, col. 1), tous deux taxés vingt sous.

N. 3. — *Le procez verbal du nommé Nicolas Poulain,* etc., dans le *Journal de Henri III.* (Collection Petitot, 1re série, t. XLV, p. 430.)

Le 13 juin 1572 parut un édit de création d'offices de courtiers de laines, chevaux et autres marchandises. Les gens du roi consentaient, pourvu que l'on fût libre de s'en servir ou non. Le 2 juillet, il est ordonné qu'il sera informé; là-dessus, lettres-patentes portant ordre d'enregistrer, sans s'arrêter à ladite information. La cour persiste dans son arrêt. Le 12 août, le prince Dauphin et deux conseillers d'État viennent de la part du roi pour déclarer à la cour que son intention est toujours que ledit édit soit vérifié. Le lendemain il est enregistré, à la charge que les marchands ne seront tenus de prendre lesdits courtiers, et que, s'ils les prennent, ceux-ci ne pourront rien exiger que de gré à gré. Enfin, le 18 février 1620 parut un autre édit portant attribution d'hérédité aux offices des courtiers, enregistré le roi séant en son lit de justice.

N. 4. — Je ne comprends pas ce mot; peut-être s'agit-il de sellerie.

P. 43, N. 1. — *Essai sur l'appréciation de la fortune privée au moyen âge,* relativement aux variations des valeurs monétaires et du pouvoir commercial de l'argent, etc., par C. Leber, seconde édition. Paris, Guillaumin, 1847, in-8°, p. 83.

N. 2. — *Chronique de Charles VII*, par Jean Chartier, édition de M. Vallet de Viriville, t. III, p. 301.

N. 3. — *Ibidem.*

N. 4. — Il paraît qu'elle montait plus habituellement un coursier. Le 8 juin 1419, Guy de Laval, écrivant à sa mère et aïeule, disait de la Pucelle, partie de Selles, en Berry, pour aller à Romorantin, qu'il l'avait vue monter à cheval, armée tout en blanc, sauf la tête, une petite hache à la main, sur un grand coursier noir, qui se démenait bien fort à la porte et ne voulait pas se laisser monter. Jeanne ayant ordonné qu'on le menât à la croix qui était devant l'église, sur la route, « lors elle monta, ajoute l'écrivain, comme s'il fust lié. » (*Procès de condamnation et de réhabilitation de Jeanne d'Arc*, etc., t. V, p. 107.)

P. 44, N. 1. — *Ibidem*, t. I, p. 118.

N. 2. — *Ibid.*, t. V, p. 38.

N. 3. — *Mémoires d'Olivier de la Marche*, liv. Ier, ann. 1443; édit. du *Panthéon littéraire*, p. 407, col. 2.

P. 45, N. 1. — On lit, ou plutôt on lisait dans les registres des gages de la Chambre des comptes, les articles suivants, qui nous ont été conservés, avec d'autres relatifs à la garde écossaise de nos rois, dans un recueil manuscrit de la Bibliothèque impériale, coté *Supplément français* 4777-3. Ces articles, où, comme on doit s'y attendre, les noms sont étrangement défigurés, se rapportent à l'année 1451.

Montres et Ordonnances.

A Robin Grinot, Alexandre Baty, David Boswell, Guillaume Young, Thomas Haig, Archambault Lowlin, Paton Morray, Guillaume Clydesdale, Guillaume Scougal, Guillaume Stut, Donot Atkinson, Thomas Hogg, Jehan d'Aran, Jehan Chambre, Gauthier Stut et Jehan Petitgrew, escuyer, archiers du corps dudit seigneur, la somme de 1436 liv. 17 s. tournois, c'est à sçavoir à chacun d'eulx la somme de 75 liv. 12. s. 6 d. tournois, la-

quelle le roy nostre sire leur a ordonné avoir et prendre ordinairement par chacun an dudit commis, oultre leurs gaiges
ordonnés de chacun mois, et autres bienfaitz pour leurs montures
par luy pour cette présente année par quittance cy rendue
1436 liv. 17 s. 6 d.

Ledit seigneur a accordé pareillement à Jehan Simple, Édouard
Lowlin, Guillaume Craford et Guilbert Aele, écuyer, pareillement
archiers du corps dudit sire, la somme de 385 liv. tournois
pour les mesmes raisons susdites.

A Guillaume Atkinson, escuyer, archier du corps
du roy, nostre sire, la somme............ 110 liv. tourn.
(Pour lui aider à vivre et soutenir son estat).

A Jehan White, homme d'armes de la garde du
roy, nostre sire....................... 206 liv. 5. s.
(Pour avoir deux chevaulx).

A Patry Monaghan, homme d'armes de lad.
garde, etc........................... 220 liv.
(Pour avoir ung bon cheval).

A Guillaume Crichton, homme d'armes de lad.
garde, etc........................... 412 liv. 1 s.
(Pour deux bons chevaux).

A Huchon Clerc, Doné et Mathiu de Brigade,
escuyers, hommes d'armes de la garde, etc.. 495 liv.
(Pour avoir chacun ung bon cheval).

A Pierre de Hardwick, homme d'armes de lad.
garde................................. 194 liv. 10 s.
(Pour ung bon cheval).

A Jehan Havar, écuyer, homme d'armes de lad.
garde................................. 247 liv. 10 s.
(Pour deux chevaux).

A Walter Artus, Alexandre Barry et Walter de
Kilwinning, escuyers, hommes d'armes de la-
dite garde........................... 371 liv. 5 s.
(Pour avoir chacun ung bon cheval).

Archambault Cunningham et Donot Maitland,
escuyer, hommes d'armes de lad. garde.... 55 liv.
(Pour les aider à changer chacun ung cheval).

A Robert Johnson, aussi homme d'armes de
lad. garde.......................... 275 liv. tourn.
(Pour deux chevaux).

A Joch Hannel, Jehan de Lamlash, Rutherford,
escuyer, aussi homme d'armes........... 412 liv. 10 s.
(Pour trois bons chevaux pour leurs personnes).

A Dote Pollock, pareillement homme d'armes de
lad. garde .... 95 liv. 5 s.

A Guillot Follet, escuyer, pareillement homme
d'armes de lad. garde.................. 165 l. 12 s. 6 d.
(Pour deux chevaux).

Jehan Dalyel, escuyer, homme d'armes, etc.. 66 liv. 5 s.
(Pour ung cheval).

Jehan de Kilwinning, homme d'armes, etc.... 110 liv.
(Pour ung cheval).

A Guillaume Balon, escuyer, homme d'armes, etc............................. 82 liv. 10 s.

A Joanes Ros, escuyer, homme d'armes...... 288 liv. 15 s.
(Pour avoir deux chevaux).

Jehan Ramsay, archier de lad. garde........ 129 liv. 5 s.
(Pour deux chevaux).

Jehan Lidel et Michel Brewster, archiers de lad. 126 liv. 10 s.
(Pour ung cheval pour chacun d'eux).

Robin Wilson, archier de lad. garde .... 33 liv. tourn.
(Pour ung cheval).

Jean Nesbit, Guillaume Kaemp, Jehan Hosbarn,
Michiel Johnson, Gibbon Griffon, Jean Ray,
Guillaume Stut, Jehan à Morray, Joch Machi-
norin, Jean Maizey, aussi archiers, et Henry
Grangeron, crannequiniers, la somme de... 600 liv. 5 s.
(Pour leur avoir chacun ung cheval pour leur personne).

A Robin Hunter et à Watt Steil, archiers de
lad. garde........................... 44 liv.
(Pour avoir chacun ung cheval).

Jehan Erskin, archier de lad. garde........ 13 liv. 15. s.
(Pour avoir ung cheval).

A Tassin Maxwell, Jehan Muirhead, Patry Hair,
Andro Gray l'aisné, Nicole Huche, Joannes

Forbes, Jehan Norze, Andro Gray le jeune, et
Jehan Ponfroy, archiers, Henry de Wost,
Simpkin de Neuserich et Jehan de Neuserich,
crannequiniers, la somme de............. 825 liv. tourn.
(Pour avoir chacun ung cheval pour leurs personnes).

A Thomas Nesbit, archier, la somme........ 52 liv. 1 s.
(Pour avoir ung cheval).

A Thomas Craffort, et Jehan Dodds, archier de
lad. garde............................. 123 liv. 15.
(Pour avoir chacun ung cheval).

A Thomas Waules, archier, etc.............. 75 l. 12 s. 6 d.
(Pour deux chevaux pour sa personne).

A Robin Hayr, archier.................... 74 liv. 5 s.
(Pour ung cheval).

A David Livingston, archier, etc........... 61 liv. 5 s.
(Pour deux chevaux).

A Guillaume Archelet, archier............. 27 liv. 10 s.
(Pour ung cheval).

A Jehan Livingston et Mathieu Collet, archiers
de lad. garde........................ 33 liv.
(Pour avoir deux petits chevaux pour leur personne).

Richard Brown, archier de lad. garde........ 82 liv. 10 s.
(Pour avoir deux chevaux).

N. 2. — Nous n'avons pas retrouvé le passage qui nous a
fourni cette date de 1583 ; mais en la changeant pour 1542, nous
pouvons renvoyer à l'ouvrage de M. Leber déjà cité, p. 83.

Rien ne fait mieux connaître la provenance et les prix énor-
mes des chevaux de guerre au XVIe siècle que le passage suivant, de Blaise de Montluc : « Je puis dire qu'en ceste dernière
guerre seulement, j'ai donné aux seigneurs et gentilshommes
de ma suitte, onze chevaux d'Espagne et deux coursiers.... Premièrement, j'ai donné un coursier à M. de Brassac.... Il ne don-
neroit ce coursier encore aujourd'hui pour quatre cens escus.
J'ai donné un autre coursier au capitaine Cossel.... J'ai donné
au sieur de Madaillan et à son frère... un cheval d'Espagne,
qu'il ne laisseroit pour quatre cens escus, ni son frère son coursier pour cinq cens. Le chevalier de Romegas a eu de moi un

cheval d'Espagne en don, qui me coustoit deux cens soixante quinze escus. Je donnai aussi deux cens escus à Monguieral sieur de Gazelles, pour s'acheter un cheval... et parce qu'encore un cheval par malheur lui mourut, je lui donnai un cheval d'Espagne fort et puissant pour porter bardes, duquel, après la paix, il eut seize cens francs. Le capitaine la Bastide eut de moi un autre cheval d'Espagne, et un autre aussi le jeune Beauville, mon beau-frère.... J'en donnai un autre aussi au capitaine Mauzan.... J'en donnai un autre au capitaine Fabien, ayant perdu son cheval au retour de la cour, duquel j'avois refusé souvent cinq cens escus, un autre encore au capitaine Mans, mon guidon... il m'avoit cousté trois cens quarante-cinq escus. Estant au lict bien malade, renvoyant mon nepveu de Balagny... je lui donnai le cheval d'Espagne que j'avois toujours gardé pour moi. Plusieurs autres en ai-je perdu; et en ceste dernière guerre trois, mesme un j'avois dédié au roi, comme je dis au sieur la Roche, premier escuyer à Byron, lequel gressé fondit sous moi, » etc. (*Commentaires,* fin du liv. VII.)

P. 47, N. 1. — Voyez, sur l'usage des chevaux blancs au moyen âge, le Glossaire de du Cange, t. III, p. 68, col. 1, au mot *Equus. Equi albi;* les *Fabliaux ou contes,* de le Grand d'Aussy, t. I, p. 192; nos *Recherches sur le commerce, la fabrication et l'usage des étoffes de soie,* etc., t. II, p. 67, en note, etc.

Dans les miniatures des anciens manuscrits, les saints, comme saint George et saint Martin, sont toujours représentés sur des chevaux blancs. L'un des rédacteurs de la *Crónica de España* (3e partie, ch. XI, fo. cc.xij recto, col. 1) fait intervenir, dans une bataille entre Maures et chrétiens, saint Jacques « en un cavallo blanco. » Avec tout cela, nos rois ne montraient pas une prédilection exclusive pour les chevaux blancs. Par exemple, Henri II fit son entrée à Reims, pour y être sacré, sur un cheval de cette couleur (*le Cérémonial françois,* t. I, p. 303), tandis que, dans une occasion semblable, Charles VIII y avait paru « monté sur un cheval de poil moreau fort esveillé » (*ibid.,* p. 184), le même sans doute qu'il avait à son entrée à Troyes, deux ans après (*ibid.*, p. 677). Enfin, Henri IV fit son entrée à Paris sur un cheval gris pommelé. (L'Estoile, septembre 1594; dans la collection Petitot, 1ʳᵉ série, t. XLVII, p. 80.) C'était, si l'on en juge par l'ancien cheval de bronze sur le pont neuf, à Paris, un coursier de Naples. (Sauval, *Histoire et recherches des antiquités de la ville de Paris*, t. I, p. 236.)

N. 2. — Fra li colori el *leardo pomato*
　　　　Obtien la palma, e 'l baio chiaro scurro;
　　　　Di rar in questi s'inganna el soldato.
　　　　　Anchor d'altro mantel bon corsier furo,
　　　　Ma questo è 'l general che mai non falle,
　　　　Chi spende in tal ha el suo dinar securo, etc.

　　　　　　　(*De Re militari*, etc., lib. II, cap. I. Vinegia, 1536,
　　　　　　　in-8°, folio 39 recto.)

N. 3. — Dans le manuscrit de la Bibliothèque impériale n° 7013, fol. 8 recto, col. 1, on trouve *equus rufus* traduit par *cheval sor.*

N. 4. — *Du duc Buef d'Aigremont*, manuscrit de la Bibliothèque impériale n° 7183, fol. 88 verso, col. 1, v. 37, et fol. 89 recto, col. 1, v. 6.

On lit dans un autre poëme du XIIIᵉ siècle :

　　　Là furent dextrier à lagan.
　　　Cil prent Ferrant et cil Moriel,
　　　Et cil Vairon et cil Soriel,
　　　Et cil Liart et cil Bauçant;
　　　Cil fuit et cil le va kaçant,
　　　Et cil autres Fauviel amainne.
　　(*Chronique rimée de Philippe Mouskès*, v. 7081; t. I, p. 782.)

M. de Reiffenberg ayant accompagné chacun de ces mots d'une note explicative, je me bornerai à y renvoyer, aussi bien qu'à la page 326. Je ferai seulement remarquer que l'on est loin d'être d'accord sur la valeur de ces différents termes. Ainsi, Roquefort rend *bauçant, baucent*, par *cheval de petite taille*, et *bausant*, qui est la même chose, par *cheval marqué de noir et de blanc*, explication adoptée par du Cange et autres savants; *vairon*, cas oblique de *vair*, est traduit par M. de Reiffenberg, comme si ce mot venait de *varius,* tandis que M. Edélestand du Méril tire les deux de l'allemand, et rend *vair* par *brillant, éclatant,* et *vairon* par *cheval hongre.* (Voyez *Floire et Blanceflor,* glossaire, p. 313.)

P. 48, ligne 1. — L'annaliste qui signale le cheval isabelle, blanc et bleu, donné au maréchal de Biron, est Pierre de l'Estoile (*Supplément des Mémoires journaux,* dans la collection Petitot, 1re série, t. XLVII, p. 231), qui plus loin (p. 262) nous le montre refusant des chevaux du duc de Savoie.

N. 1. — Voyez *les Chevaux du Sahara,* etc., par le général E. Daumas. Paris, 1857, in-12, p. 42.

N. 2. — *Ibidem,* p. 48.

Nous sommes redevable à M. le général Daumas du petit poëme suivant, qu'il a traduit de l'arabe, et qui donne la meilleure idée du génie poétique des tribus errantes du Sahara, en même temps que la mesure de l'attachement qu'elles portent à leurs chevaux :

LE CHEVAL NOBLE.

Où sont ces chevaux nobles
Dont la mère n'épousa jamais qu'un cheval noble?
L'étrier c'est leur vie, l'inaction c'est leur mort.
O Père des cavaliers! l'ignorant en découvre partout;
Mais ils sont aussi rares que les vrais amis,
Et quand ils meurent, on voit la selle verser des larmes.

Dans l'hippodrome de la valeur,
Que Dieu bénisse le cheval noble!
Sa poitrine est d'acier et ses flancs sont de fer;
Il n'aime que la rapine, la gloire et les combats;
Il nourrit son maître et sa famille;
Et quand il court, il humilie la foudre.
Il passe, regardez : le voilà disparu.
Femmes, ne lui ménagez pas le lait de vos chamelles.

Qu'est devenu le temps où je montais un nageur,
A l'œil noir, aux nazeaux larges,
Aux membres secs, au cœur fidèle?
C'était un épervier de carnage,
Et la vie n'était alors rien pour moi
Dès que la bride n'était plus dans ma main.
J'étais jeune, je cherchais le péril,
Je me riais des corbeaux du malheur;

Le loin me paraissait toujours près,
Et ma tente regorgeait de butin.

En été, quand le sommeil a donné sa nourriture à mon corps,
Quand l'œil de la lumière a dissipé les ombres de la nuit,
Et quand la chaleur mord tout, jusqu'à la pierre,
Le chant de la tourterelle me remplit de désirs.
Au milieu des rameaux du palmier que le moindre vent agite,
Sur la feuille qui se plaint et soupire,
La passion la dévore.
Par ma tête! elle réveille en moi les ardeurs des jours passés.

On m'a dit : Ah! tu veux encore celles qui mettent du noir à leurs paupières?
Et j'ai répondu : Non, devant mes yeux
Rien ne vaut à présent mon cheval de race.
Avec lui, je suis fier; je chasse et j'augmente mes richesses;
Avec lui, je lutte et je protége le pauvre et l'orphelin;
Avec lui, je punis les injures et j'épouvante mes rivaux.
Il hennit comme le lion rugit dans la montagne;
C'est un aigle qui plane dans les airs.

Mais retirez-vous, souvenirs de ce monde.
Le plus puissant n'en a jamais emporté qu'un linceul.
Je suis connu par le buveur d'air, la nuit et les combats;
Je suis connu par le sabre, le choc, la plume et le papier;
Je suis plus aigu que la lance, et je supporte la faim comme le loup.
C'est égal, aujourd'hui je désire la solitude :
La solitude, c'est le bonheur, le temps m'en a instruit.
Jamais on ne me verra plus rechercher ni le cheval, ni les femmes, ni la
    cour d'un émir.

P. 49, N. 1. — *Essay des merveilles de nature et des plus nobles
artifices*, etc., par René François, 4e édition. Rouen, 1624, in-4°,
chap. LVI, p. 555, 556.

N. 2. — *Ibid.*

N. 3. — *Les Chevaux du Sahara*, etc., p. 142.

P. 50, N. 1. — *Essay des merveilles de nature*, etc., chap. LVI,
p. 556.

N. 2. — *Les Chevaux du Sahara*, etc., p. 143.

N. 3. — *Essay des merveilles de nature*, etc., ch. LVI, p. 556,
557.

P. 51, N. 1. — *Ibid.*, p. 557.

N. 2. — *Ibid.*, p. 557, 558.

P. 52, N. 1. — *Ibid.*, p. 558.

N. 2. — *Les Chevaux du Sahara*, etc., p. 143.

N. 3. — *Li Romans d'Alixandre*, p. 132, v. 30.

N. 4. — *La Chevalerie Ogier de Danemarche*, v. 1664; t. I, p. 69.

N. 5. — *La Chanson des Saxons*, coupl. CVI; t. I, p. 182.

P. 53, N. 1. — *Theodorici regis Italiæ Epistolæ*, lib. IV, cap. I.

Dans une encyclopédie japonaise, objet d'un travail de M. Abel Rémusat (*Notices et extraits des manuscrits de la Bibliothèque du Roi*, etc., t. XI, p. 197), il est question, au livre XXXVI, consacré aux animaux domestiques, des trente-deux qualités visibles du cheval.

P. 54, N. 1. — *Le sixiesme jour de la Sepmaine*, dans les *OEuvres de G. de Saluste, Sr du Bartas*. Paris, 1611, in-folio, p. 262.

N. 2. — Je trouve dans un ancien écrivain une expression dans laquelle figure ce mot : « C'est mettre le pasturon au cheval que de tenir tels discours, afin de tromper les juges. » (*Les OEuvres de Lucian de Samosate*, etc., traduites par J. B. [Jean Baudoin]. A Paris, sans date, in-4°, folio 111 verso.)

P. 55, N. 1. — *Essay des merveilles de nature*, etc., ch. LVI, p. 567, 568.

P. 57, N. 1. — Voyez *les Chevaux du Sahara*, etc., p. 285-290.

Un roi de Navarre avait institué un ordre de chevalerie appelé du *levrier blanc*. (Yanguas y Miranda, *Diccionario de antiguedades del reino de Navarra*, etc. Vol. I, Pamplona, 1840, in-8°, p. 154.)

Nous laisserons à un autre le soin de faire pour le levrier des barons du moyen âge ce que le général Daumas a fait pour celui des Arabes du Sahara; mais nous signalerons à l'écrivain futur l'épisode des levriers dans l'*Histoire littéraire de la France*, t. XIX, p. 711, 712.

N. 2. — *Les Chroniques de sire Jean Froissart*, édition du *Panthéon littéraire*, t. III, p. 508, col. 2.

P. 58, N. 1. — *Ibid.*, p. 508, 509.

N. 2. — *Le Ménagier de Paris*, etc., t. II, p. 76. — *Études sur la condition de la classe agricole.... en Normandie*, p. 232.

N. 3. — *Gérard de Rossillon*, etc., p. 21, v. 9.

N. 4. — Yanguas y Miranda, *Diccionario de antiguedades del reino de Navarra*, t. III, p. 532, art. *Zafainorias*.

P. 59, N. 1. — *Sommaire de l'œconomie de la despence selon le revenu*, etc., s. l. ni d., in-4º de 61 pages, p. 21. — Cet opuscule, que j'ai rencontré à Bordeaux, semble avoir été imprimé dans cette ville, comme le *Discours sur l'excessive chéreté, presenté à la mère reine, mère du Roi*, par un sien fidèle serviteur (1586), réimprimé dans le *Recueil G*. Paris, 1760, in-8º, p. 125-160 ; et dans les *Variétés historiques et littéraires, Recueil de pièces volantes rares et curieuses en prose et en vers, revues et annotées par M. Édouard Fournier*. Paris, Jannet, 1855, t. VII, p. 137-191.

N. 2. — *Sommaire de l'œconomie de la despence*, etc., p. 44. Voyez encore p. 43.

N. 3. — *Assises de Jérusalem*, édition de M. le comte Beugnot. Paris, 1841-43, in-folio, t. Iᵉʳ, p. 410.

N. 4. — Le Grand d'Aussy, *Fabliaux ou contes*, etc., t. III, p. 193.

P. 60, N. 1. — Guill. Neubr., *de Rebus Anglicis*, lib. II, cap. XI, ann. 1162. (*Recueil des historiens des Gaules et de la France*, etc., t. XIII, p. 107, A.)

Le *missaudor* chargé d'étoffes de Nubie, dont il est question plus haut, p. 20, ligne 2, semblerait contredire ce que nous venons d'avancer ; mais il faisait partie d'un présent, et l'on comprend très-bien que bête et tissus de prix soient arrivés au destinataire l'un portant l'autre. On trouve un autre exemple d'une pareille transformation d'un dextrier en cheval de charge, dans cette anecdote rapportée par Arnold de Lubeck : « Othon, appelé du Poitou par les princes électeurs de l'Empire, traversait la France avec un sauf-conduit du roi ; celui-ci vint le voir et le saluer à son passage. Dans cette entrevue, après l'échange des premiers compliments, le roi de France lança ce brusque propos : « Nous avons compris que vous êtes appelé à l'Empire romain. » — « Il est vrai, répondit Othon, que vous l'avez entendu dire ; mais à la grâce de Dieu le succès de mon voyage. » Alors le roi de répliquer : « Non, ne vous flattez pas d'obtenir une dignité si haute. Si la Saxe toute seule consent à accepter

votre personne, eh bien! donnez-moi maintenant le dextrier
que je vous demande, et quand vous aurez été élu, je vous
donnerai, moi, trois des meilleures villes de mon royaume,
Paris, Étampes et Orléans. » Le roi Othon avait, en effet, reçu
de nombreux cadeaux du roi d'Angleterre Richard, son oncle
maternel, et, entre autres choses, cent-cinquante mille marcs,
que portaient en charge cinquante dextriers, parmi lesquels il
s'en trouvait un particulièrement estimé que le roi demandait.
Le seigneur Othon donna le dextrier et continua sa route.
Maintenant donc qu'il est devenu empereur, il est fondé en justice à réclamer ce qui lui est dû. » (*Arnoldi Lubecensis Chronicon
Slavorum*, apud Godef. Guillelm. Leibnitium, t. II Scriptorum
Brunsvicensium, cap. XVII, p. 140.)

Dans le récit de la bataille de Bouvines, un autre écrivain
rapporte que le même prince s'enfuit sur son palefroi, son dextrier, cheval d'une valeur merveilleuse et d'un grand prix,
ayant été tué dans l'action. (*Recueil des historiens des Gaules et
de la France*, t. XVIII, p. 567, D.)

N. 2. — *Chronicon Fontanellense*, cap. III. (*Spicilegium*, etc.,
édition in-folio, t. II, p. 168, col. 1.)

N. 3. — Paris, 1842, in-4°, p. 497-650.

P. 61, N. 1. — *Histoire de M*ʳᵉ *Jean de Boucicaut, mareschal
de France*, etc. Paris, 1620, in-4°, ch. VII, p. 23. — La Curne
de Sainte-Palaye, *Mémoires sur l'ancienne chevalerie*, édition
de 1759, t. I, p. 28, 29.

N. 2. — *Gargantua*, liv. Iᵉʳ, ch. XII.

P. 62, N. 1. — *Ibidem*, ch. XIII.

N. 2. — P. de l'Estoile, *Journal de Henri II;* dans la collection
Petitot, 1ʳᵉ série, t. XLV, p. 221.

P. 63, N. 1. — *Ibid.*, ann. 1582, p. 238, 239.

P. 64, N. 1. — *Les Artifices, I. jour de la II. Sepmaine*, dans
la seconde Sepmaine de Guillaume de Saluste, sieur du Bartas,
etc. Paris, 1610, in-folio, p. 143.

P. 67, N. 1. — Étienne Binet, *Essay des merveilles de nature,
et des plus nobles artifices*, etc., ch. LVI, p. 569, 570.

Brantôme rapporte une manœuvre hardie d'un cheval fameux de son temps, dans le chapitre qu'il consacre au grand prieur de France : « Je le vis, dit-il, une fois à Amboise, à un courrement de bague qu'y fist le roy François II, la desbattre contre M. de Nemours, qui estoit des meilleurs hommes de cheval de France, dix fois l'un après l'autre; enfin, M. le grand prieur l'emporta pour l'unziesme fois. »

Il était monté sur un barbe; pour M. de Nemours, « il fist son entrée de camp sur un très-beau roussin, qu'on appeloit *le Real*, que le seigneur Jule, escuyer de M. le vidame, et puis à M. de Nemours, avoit dressé à aller à deux pas et un sault, mieux que ne fist jamais cheval, et qui alloit le plus haut, car c'estoit un des plus forts roussins et des plus beaux, bay obscur; de sorte qu'en ceste allée du mitan du jardin d'Amboise, il ne fist que cinq saults, tant il se lançoit bien, jusques à la fin de sa carriere, M. de Nemours s'y tenant si bien et de si bonne grâce, qu'il en donna grand'admiration à tout le monde, tant hommes que dames....

» A propos de ce cheval Real, il faut que je face ce conte : que, deux ans avant, le roy Henry fist une partye, le jour du mardy gras, avecques les jeunes seigneurs, princes et gentilshommes de sa cour, d'aller en masque par la ville de Paris, et à qui fairoit le plus de folies. Ils vindrent tous au palais. M. de Nemours, estant sur le Real, monta de course (car ainsy le falloit) par le grand degré du palais (cas estrange, estant aussy precipitant), entra dans la gallerie et grand'salle dudit pallais, sans que le cheval jamais bronchast, et rendit son maistre sain et sauve dans la basse cour. » (*Des Hommes*, liv. III, ch. XIII; édit. du *Panth. litt.*, t. I, p. 405, 406.)

P. 69, N. 1. — Paulin Paris, *Histoire littéraire de la France*, t. XXII, p. 684, 686.

P. 70, N. 1. — *Ibidem*, p. 282, 283.

N. 2. — La *Correspondance littéraire*, publiée sous la direction de M. Ludovic Lalanne, 4ᵉ année, 1860, n° 16, p. 374, cite, d'après l'ouvrage de Ruff : *Guide to Turf, or Pocket raCing Companion for 1860*, le passage du vieux poëme de *Sir Bevys of Southampton*, relatant cette circonstance curieuse, qui nous a semblé devoir être signalée.

Ayant eu la curiosité de recourir à *li Romans de Buevon de Hanstoune*, nous avons trouvé le récit d'une course pareille à celles qui sont rapportées dans les romans de Renaud de Montauban et d'Aiol :

> Li rois de Londre a son cours devisé :
> Cil qui le cours vaintra par poesté,
> Gaaignera, ainsi est ordené,
> Mil mars d'argent en balance pesé,
> Et autretant de fin or esmeré.

C'est-à-dire :

« Le roi de Londres a organisé sa course. Celui qui sera vainqueur par puissance, gagnera (ainsi c'est ordonné) mille marcs d'argent pesé dans la balance, et tout autant d'or fin épuré. »

L'amie de Beuves cherche à le détourner de se présenter parmi les concurrents :

> Dist Josiane au gent cors avenant :
> « Biaus sire Bueves, por Dieu omnipotant
> Laissiés le cours, s'il vous vient à talant.
> Se là alés, folie sera grant.
> Riches hom estes et d'or fin et d'argant :
> Ne devés pas couvoitier en avant.
> Laisiés-i courre icele povre gant,
> De gaaignier ont grant mestier souvant. »

« Josiane au gentil corps avenant dit : Beau sire Beuves, par Dieu tout-puissant, laissez la course, s'il vous vient à gré. Si vous allez là, ce sera grande folie. Vous êtes homme riche d'or et d'argent : vous ne devez pas convoiter davantage. Laissez-y courir ces pauvies gens ; de gagner ils ont souvent grand besoin. »

Thierry selle le fougeux Arondel ; il lui attache sangle et poitrail. Beuves saute dessus sans se prendre à l'arçon ; il pique le dextrier des éperons d'argent, et se rend au pré, théâtre de la course. Tous les concurrents étant arrivés, le roi prend la parole pour faire connaître les conditions du concours : celui qui arrivera le premier sur la hauteur que l'on voit à une lieue de là, recevra le prix. Les chevaliers alors, au nombre de plus de quatre cents, s'élancent vers le but. Ils avaient déjà parcouru un arpent, quand Beuves se met en mouvement : tant était

grande sa confiance en Arondel! Il lâche les rênes à l'*auferrant,*
lui montre la course comme s'il eût compris, et le pique des
éperons d'argent. Arondel fait de tels sauts, que l'on eût dit
qu'il volait. Son maître ayant atteint Rohart le fourbe et Amauri,
un sien félon parant, les raille avant de les dépasser. Le premier
répond par des menaces proférées entre ses dents; quant à l'assemblée, elle se livre à son admiration pour le cheval vainqueur;

> Et un et autre dient communalmant :
> « N'a tel cheval de si en Oriant,
> Com Arondel, ne nul si bien courant. »

Le prix de la course est décerné à Beuves; mais le fils du roi
convoite Arondel, et ne reculera devant rien pour se l'approprier :

> En son cuer dist souef et belemant
> Li fiex le roi de Londres la vaillant :
> « Diex! quel destrier! com il est tost courant! »
> D'Arondel fu molt forment couvoitant.
> Se il ne l'a, u Beuves ne li vant,
> Molt le fera courechié et dolant.

> (Manuscrit de la Bibliothèque impériale, supplément français, n° 540⁵,
> folio 155 recto, col. 1, v. 11.)

Nous nous sommes d'autant plus longuement étendu sur cet
épisode, qu'il n'en est fait aucune mention dans la maigre analyse
que feu Amaury Duval a donnée du Roman de Beuves de Hans-
tone, dans l'*Histoire littéraire de la France*, t. XVIII, p. 748-751.

On n'y trouve pas davantage un passage intéressant où l'auteur nous montre des marchands de Cologne ramenant des chevaux de la foire de Londres :

> Beuves li enfès dalès eus abandoune,
> Si lor demande : « Dont estes-vous, preudome? »
> Et cil respondent : « Nos sommes de Couloingne...
> De la grant foire de Londres repairommes
> Pour nos avoirs que vendu i avommes. »
> — « Signeur, dist Beuves, je sui de France douce ;
> D'outre la mer du Sepulcre venommes,
> Si ai perdu mon avoir et mes homes.
> Or nos menés, s'il vos plaist, à Couloigne :
> Je vos donrai de mon or xl onces.... »
> Dès or s'est Beuves o les marcheans mis,
> Et il li ont et juré et plevi

Ne li faurront por les membres tolir,
Tant que il viegne à Couloigne la cit.
Laiens font traire palefrois et roncis,
Le grant avoir dont il furent garni, etc.

(*Ibidem*, folio 110, recto, col. 2, v. 1.)

N. 3. — Vie du maréchal de Strozzi, parmi les œuvres com‑ plètes de Brantôme, édition du *Panthéon littéraire*, t. Ier, p. 173, col. 2 ; édition de la Bibliothèque elzévirienne, liv. I, ch. XXXII, t. II, p. 270.

N. 4. — *Ibid.*, p. 174, col. 1 ; ou *ibid.*, p. 271 de la nouvelle édit.

P. 71, N. 1. — D. Morice, *Mémoires pour servir de preuves à l'histoire de Bretagne*, t. II, p. 1083.

N. 2. — *Examen critique des dictionnaires de la langue fran‑ çaise*, etc. Paris, 1829, in-8°, p. 104.

P. 72, N. 1. — *Ibid.*, p. 444, 445. L'article de M. Raynouard, auquel Nodier répond, a paru dans le *Journal des Savants* de décembre 1828, et ce qui se rapporte à *écuyer* se trouve p. 736, 737. Le morceau entier a été réimprimé intégralement dans l'*Examen critique des dictionnaires*, etc., p. 423-438.

Personne ne se serait douté que c'est du roi étrusque Tarcon que l'on doit le mot d'*écurie*. Jacques Moreau ajoute que c'est à cause de ses beaux haras,

D'où sortoient chevaux à poils ras,
Grand, gros, gris, noir, alzan et pie,
Aïeux de ceux de Normandie,
Qu'on appelle chevaux normans,
Pere des vrais chevaux morvans,
D'où sans contredit vient la morve.

(*La suite du Virgile travesti*, liv. X ; édit. de 1737, p. 99.)

P. 73, N. 1. — Collection Petitot, 2e série, t. X, p. 141.

N. 2. — Voyez, entre autres, *the white Devil : or, Vittoria Co‑ rombona*, act. II. (*Old Plays*, etc. London, M.DCCC.XXV., petit in-8°, vol. VI, p. 243.)

P. 75, N. 1. — Gaillard en rapporte un exemple assez curieux. Quand François Ier, au retour de l'entrevue d'Aigues-Mortes, en 1538, tomba si dangereusement malade à Compiègne, il pria Charles-Quint de lui envoyer un médecin juif. L'empereur envoya un juif converti qui se vanta de sa conversion à François Ier. Sur cet aveu, le roi refusa de s'en servir, persuadé qu'un médecin chrétien ne pourrait jamais le guérir; il fallut faire venir, de Constantinople, un médecin qui eût conservé la foi de ses pères. Ce juif le guérit, en effet; mais avec un remède dont un chrétien aurait pu aisément s'aviser : c'était du lait d'ânesse. (*Histoire de François Ier*, liv. VIII, ch. III; édition de Paris, 1819, in-8º, t. V, p. 131, 132.)

N. 2. — *Histoire de la guerre de Navarre*, p. 607.

N. 3. — Avant les règlements donnés par le saint-siége et par Philippe le Bel, les maladies étaient, en général, soumises à des consultations présidées par les *physiciens,* c'est-à-dire par des médecins ecclésiastiques, qu'assistaient des médecins - chirurgiens. Ceux-ci se chargeaient ensuite de traiter et de conduire les maladies. Eux seuls voyaient les malades à domicile. (Voyez l'*Histoire littéraire de la France,* t. XXI, p. 540.)

P. 76, N. 1. — *Cartulaire de l'abbaye de Saint-Père de Chartres,* prolégomènes, p. lx. On y trouvera les renvois aux textes.

N. 2. — *Secret des secrès* de Geoffroi de Waterford. (*Hist. litt. de la France,* t. XXI, p. 223.)

P. 77, N. 1. — Léopold Delisle, *Études sur la condition de la classe agricole... en Normandie,* etc., p. 233.

Chez les anciens Francs, surtout en Austrasie, déjà l'on suspendait des clochettes au cou des chevaux; mais, à ce qu'il paraît, c'était seulement dans les pâturages, afin de pouvoir suivre leur trace dans le cas où ils s'écarteraient trop loin. Voyez Aimoin, *de Gestis Francorum,* liv. III, ch. LXXXI, dans le *Recueil des historiens des Gaules et de la France,* t. III, p. 107, D.

N. 2. — Voyez à la suite du *Cartulaire de Saint-Bertin,* p. 439, lig. 2.

N. 3. — *Cartulaire de Saint-Père de Chartres,* prolégomènes, p. lxij.

N. 4. — *Ibidem,* p. 337, c. 104.

N. 5. — Voyez nos *Recherches sur le commerce, la fabrication et l'usage des étoffes de soie,* etc., t. II, p. 108, 109, en note.

On rencontre l'usage des housses traînantes sur le chemin de
l'Asie ou de l'Afrique, d'où il nous est venu, sans cesser d'y
être pratiqué. Un écrivain sicilien nous montre sur des chevaux
voilés d'or et de soie la foule des nobles qui allèrent à la rencontre de Frédéric II après son couronnement. (Nicol. Specialis,
lib. III, cap. III, Rerum Sicularum, apud Petrum de Marca,
Marca Hispanica, col. 641.) Les selles brodées étaient également répandues chez nous. Quand Girart de Comarchis arrive
dans Orange,

> Mil en i trove qui font dorées selles.

> (*Le Moniage Guillaume;* dans l'*Hist. litt. de la Fr.*, t. XXII, p. 518.)

Dans une autre partie du Midi, en Aquitaine, les harnais
étaient faits en cuir de cerf. (Aimon., *Mirac. S. Benedicti abbatis*,
apud Andr. du Chesne, t. IV Script. Franc., p. 135; et D. Bouquet, Rer. Gallic. et Francic. Script., t. X, p. 346, A.)

Nous signalerons encore le *poitral,* dont il est question dans
ces vers :

> Il mit la sele en son ceval,
> Puis si li laisse le poitral ;
> Et quant il i ot mis le frain, etc.

> (*Le Lai du Trot,* v. 49.)

Jean de Garlande (*Paris sous Philippe le Bel,* p. 588) nous
apprend positivement le sens de ce mot : « *Loralia dicuntur
gallice lorains, id est* poitraus. » Un glossaire latin-français exa-
miné par M. Littré (*Hist. litt. de la Fr.*, t. XXII, p. 29) donne
comme synonyme à ce mot *antessa,* qui ne se trouve pas dans
le Glossaire de du Cange.

Charles V appelle les *poitraus* dorés, *loria aurata,* une marque
de chevalerie, dans une loi du 9 août 1371, où il confirme le
droit que les habitants de Paris avaient d'en porter comme les
nobles d'origine. (*Ordonnances,* etc., t. V, p. 419.)

Nous avons vu plus haut un écrivain du commencement du
XVIIe siècle parler de mors d'argent, de roses dorées, de bride
brodée d'or, de selle royale, de housses de drap d'or et de
houppes pendantes, comme usitées de son temps; dans les sta-

tnts synodaux pour l'évêché de Nîmes, rédigés au XIIIe siècle, c. vii, n. 4, il est interdit aux clercs de faire usage, pour leurs chevaux, de mors, de selles ou de harnais dorés. (D. Martène, *Thesaurus novus anecdotorum*, t. IV, col. 1044, c.)

N. 6. — *Cartulaire de l'abbaye de Saint-Père de Chartres*, prolégomènes, p. lxvj.

P. 78, N. 1. — *The Poems of William Dunbar*, edited by David Laing. Edinburgh, 1834, in-8°, vol. II, p. 436.

P. 78, lig. 6. — L'auteur du Roman d'Ogier le Danois nous montre son héros ferrant son bon dextrier :

> A Broiefort s'en revient, son destrier ;
> Fuerre et avainne li donne volentiers,
> Puis li souslieve trestous les quatre piés ;
> Où il n'a fers, li bers si li asiet,
> Si l'a defors ben rivé et ploié.
>
> (*La Chevalerte Ogier de Danemarche*, v. 8363 ; t. II, p. 337.)

Un autre dextrier héroïque, celui de Beuve de Southampton, n'avait jamais été ferré :

> En mi la place li traient (*lui tirent*) Arondel,
> Ne fu ferrés ne d'esté ne d'yver ;
> De Lyverie fu amenés poutrel (*poulain*),
> Plus a durs ongles que n'est acier ne fer.
>
> (*Roman de Beuvon de Hanstoune*, Ms. de la Bibl. imp., suppl. fr. n° 540⁵, folio 92 verso, col. 1, v. 15.)

En 1473, un fer neuf coûtait quinze deniers (Archives du département de la Vienne, fonds de Sainte-Croix, Vasles), prix qui ne peut manquer de sembler élevé quand on voit un « cheval de poil bayart estellu *(étoilé)* au front » vendu dans la même province 50 sous en 1464. (Même dépôt, compte rendu à Geoffroy Taveau, seigneur de Mortemer.)

N. 2. — *Roman d'Eustache le Moine*, etc. Paris et Londres, 1834, in-8°, v. 1481-1544, p. 54-56.

Les chevaux de Renaud, comte de Boulogne et de Dammartin, ont donné lieu à une pièce fort singulière intitulée *Du Plait Renart de Dammartin contre Vairon, son roncin*, qui a été publiée par M. Jubinal. (*Nouveau Recueil de fabliaux*. Paris, 1839-42, in-8º, t. II, 23-27.) M. Victor Le Clerc croit que Vairon était nommé ainsi parce qu'il était gris pommelé comme le *vair palefroi* des fabliaux. (Rec. de Méon, t. I, p. 164; t. III, p. 28.) Voyez l'*Hist. litt. de la France*, t. XXIII, p. 459-461.

N. 3. — Voyez le catalogue Huzard, nᵒˢ 3734-3759; t. III, p. 340-343.

N. 4. — Dans la Vie de saint Éloi, par saint Ouen, liv. II, ch. XLVI, le vétérinaire appelé pour traiter le cheval du saint évêque de Noyon, est appelé *mulomedicus*. Voyez le *Spicilegium*, etc., in-folio, t. II, p. 116, col. 1.

N. 5. — Voyez, sur ce Théodoric, ou comme auraient dit nos ancêtres, Thierry, *les Manuscrits françois de la Bibliothèque du Roi*, etc., par M. Paulin Paris, t. VII, p. 140, 141.

P. 79, N. 1. — Voyez, sur le traité de Giordano Ruffo, au même endroit, p. 136, 137, et le catalogue Huzard, nº 3499 et suiv., t. III, p. 321 et suivantes.

N. 2. — Voyez les *Manuscrits françois de la Bibliothèque du Roi*, etc., t. VII, p. 142.

N. 3. — *Thresor de tout ce qui concerne les bestes chevalines, contenant la maniere de leur generation, nourriture et gouvernement, à sçavoir, leur rut, sailleures, poulinement, de les engraisser, purger, tenir sains, les corriger s'ils sont restifs, umbrageux, furieux, lasches, difficiles au montoir, à ferrer, à brider, et autres vices : et principalement des remedes exquis contre toutes sortes de maladies. Traduict d'Italien en François. Plus y sont adjoustées plusieurs choses touchant les bestes chevalines, et singulierement des muletz, bœufz, et leurs especes, leurs maladies et remedes.* A Lyon, par Benoist Rigaud, 1591, in-16.

A la suite de cette édition, bien rare, sans doute, puisque M. Huzard n'avait pu se la procurer, je trouve : 1º *Traicté des signes des chevaux*. Faict en Italien par le Seigneur Francesco Villa, Gentilhomme de la chambre du roy, à la requeste de Monsieur le grand Escuyer de Boisy, et presenté au Roy; 2º *De la Nature des chevaux, ensemble les remedes de plusieurs maladies qui peuvent advenir ausdicts chevaux. Composez par Jordain The-*

nand, maistre de la Chevalerie de l'Empereur, etc.... Le reste
du titre manque dans l'exemplaire de la Bibliothèque publique
de la ville de Bordeaux (n° 22607).

M. Huzard, qui n'avait pas ce volume, en possédait un autre
ainsi indiqué dans son catalogue, n° 3697, t. III, p. 336 : *Pratique
excellente enseignant remedes tres-exquis et proffitables, pour gue-
rir les chevaux de toutes maladies occurrentes, iceux purger de
leurs humeurs superflues, engraisser, entretenir sains, faire vivre,
et servir longuement,* etc. Composez par Jordain Thenand. Lyon,
Pierre Rigaud, 1612, 2 part. 1 vol. in-16. On chercherait vaine-
ment dans le voisinage un autre petit volume dont je trouve le
titre ainsi indiqué dans le *Catalogue mensuel* du libraire H. Pou-
chin, n° 2 (30 août 1855), p. 22, n° 227 : *Les Signes et marques
des bestes chevalines, tant pour estre estallons que pour servir à la
guerre et ailleurs, adiousté plusieurs receptes, pour guarir les maladies qui leur adviennent.* Paris, Nic. Bonfons, S. D., in-16, fig.
sur bois.

N. 4. — Le sous-chiffre 2, qui vient après le n° 7099, a fait
croire au compositeur à un renvoi de note, et il a remplacé ce
chiffre par celui qu'exigeait la numération des notes.

N. 5. — Même observation. En conséquence, il faut lire 7246².

N. 6. — T. III, p. 126, 127; t. V, p. 165, 167.

P. 80, N. 1. — *Neues Bisbuch, allen Liebhabern der Reuterey zu
Gefallen, durch M. Seuttern.* Augsburg, 1584, grand in-folio. La
seconde édition est de 1614.

N. 2. — Paris, 1855, in-8°, p. 164-167.

N. 3. — Catalogue, n° 4727, t. III, p. 433.

P. 81, N. 1. — *Histoire de la guerre contre les hérétiques albigeois,* couplet CLXIX, v. 4909-12, p. 340, 341. — *Histoire de la
guerre de Navarre,* coupl. XCIV, v. 4421-23, p. 284.

N. 2. — Écurie du Dauphin KK, 53, folio 63. (Juillet 1420, à
Chinon.) Voyez la *Chronique de Charles VII,* édition de M. Vallet
de Viriville, t. III, p. 302.

N. 3. — On recueillait cette substance à Vassy, « ville merveilleuse en cette chose rare, que non loin de ses murailles elle

a des mines de terre, de laquelle on fait et cuit le boliarmeny tant estimé par tout le monde, et que de là on transporte à divers usages, dans les provinces plus esloignées. » (André du Chesne, *les Antiquitez et recherches des villes, chasteaux et places plus remarquables de toute la France*. Paris, 1647, in-8°, p. 348.)

Dans le *nouveau parfait Maréchal*, p. 486, le vieux oingt et l'huile de laurier font encore partie des prescriptions de la médecine vétérinaire comme maturatifs et émollients.

P. 83, N. 1. — Voyez, entre autres recueils, celui des historiens des Gaules et de la France, t. IV, p. 131, B; 137, D; 145, A, C; 158, B; 165, B; 168, A; 171, D; 172, A; 180, A; 194, D; 213, A; 218, A, C; 227, C; 242, B; 250, C; 251, D; 269, D; 278, C; 363, B, C.

N. 2. — *Agathiæ Scholastici Historia*, lib. II; edit. Paris. 1660, in-folio, p. 40, ann. Dom. 553.

N. 3. — « Fuit autem et in urbe Turonica Pelagius quidam, in omni malitia exercitatus, nullum judicem metuens, pro eo quod jumentorum fiscalium custodes sub ejus potestate consisterent. » (S. *Gregorii Episc. Turonensis Historia Francorum*, lib. VIII, cap. XL; ed. Dno Theod. Ruinart, p. 411, col. 1, B.)

P. 84, N. 1. — *Capitulare de villis Caroli Magni*, art. XIII-XV. (*Capitularia regum Francorum*, t. I, p. 331.)

N. 2. — *Études sur la condition de la classe agricole et l'état de l'agriculture en Normandie au moyen âge*. Evreux, 1851, in-8°, p. 225-232. — Avec la permission de l'auteur, nous avons largement puisé à cette source; en y recourant, on trouvera les renvois aux documents qui ont été si laborieusement mis en œuvre.

P. 85, N. 1. — *Chronicon abbatiæ Sancti Trudonis*, lib. XIII; dans le *Spicilegium* de D. Luc d'Achery, édit. in-folio, t. II, p. 707, col. 2.

P. 86, N. 1. — *Historiæ Francorum Scriptores*, ed. Andr. et Fr. du Chesne, t. IV, p. 678. — *Recueil des historiens des Gaules et de la France*, t. XVI, p. 170, A.

N. 2. — « Gratantes et læte suscepimus literas vestras,

per quas significastis nobis voluntatem vestram de palefrido idoneo et honesto. Placet nobis quod mandastis, et, Deo volente, mittemus vobis in proximo, per proprium muncium nostrum, talem qui vobis placere debeat, et secundum moderna tempora tanto sessore dignus existat. » (*Epistola Stephani, Tornacensis episcopi, ad Ludovicum Philippi regis primogenitum,* A. D. 1199; inter epist. ejusdem, edit. a Claudio du Molinet, Parisiis, 1679, in-8°, epist. 227, p. 335.)

P. 87, N. 1. — *Cartulaire de l'abbaye de Saint-Père de Chartres,* etc., t. I, p. 200, 337; t. II, p. 625, 638.

Une pièce de l'an 1083 prouve encore mieux que ce que nous avons allégué plus haut, l'existence des haras dans le midi de la France. Bertrand II, comte de Provence, réglant la dot de sa fille, s'engage à payer à Ermengarde, vicomtesse de Nîmes, deux mille sous en argent, mille sous en bœufs et en vaches, et deux mille sous en chevaux et mulets. (*Le Trésor des chartes,* etc., publié par M. Alexandre Teulet, t. Ier, Paris, 1861, in-4°, p. 29, col. 2.)

P. 88, N. 1. — *Brevis Narratio de fundatione abbatiæ Miratorii, Ordinis Cisterciensis;* dans le *Spicilegium* de D. Luc d'Achery, in-folio, t. III, p. 486, et in-4°, t. XIII, p. 311; et dans le *Recueil des historiens des Gaules,* etc., t. XIV, p. 402, C.

P. 89, N. 1. — *Benedicti abbatis Petroburgensis Vita Henrici II, regis Angliæ,* ann. 1172. (*Recueil des historiens des Gaules et de la France,* t. XIII, p. 149, A.)

P. 90, N. 1. — *Chroniques de Saint-Denis,* dans le *Recueil des historiens des Gaules et de la France,* t. XVII, p. 388, C. Rigord se borne à dire : « ... Dextrarios Hispanicos, palafridos, et alia carissima dona, Philippus rex Joanni regi Angliæ liberaliter dedit. » (*De Gestis Philippi Augusti, Francorum regis,* ann. Dom. MCCI; *ibid.,* p. 54, A.)

N. 2. — L'original de cette lettre a été publié par W. Blaauw, dans les *Sussex archæological Collections,* t. II, p. 82, et reproduit par M. Delisle, dans ses *Études,* p. 239, n° 87.

N. 3. — Léopold Delisle, *Études,* etc., p. 240.

P. 91, N. 1. — *Roman d'Eustache le Moine,* etc., p. 34, v. 915.

N. 2. — « His rebus adjicimus ad victum fratrum villam nomine Hegesbort [Liegesborth] cum omni integritate sua, ut olim fuit, exceptis cavallariis tribus. » *Diploma Caroli Calvi, ann. 877 pro monasterio Sithiensi. (Gallia Christiana,* t. III, in instrumentis, col. 110. — *Recueil des historiens des Gaules et de la France,* t. VIII, p. 664, D. — *Cartulaire de Saint-Bertin,* p. 57.)

Je ne dois pas omettre que si D. Bouquet traduit *cavallariis* par *haras* (locus ad alendos caballos), du Cange donne à ce mot un autre sens. *(Gloss. med. et inf. Latin.,* t. II, p. 3, col. 1.)

P. 92, N. 1. — Méhun-sur-Yèvre, chef-lieu de canton de l'arrondissement de Bourges. C'est ainsi que ce nom doit être rétabli dans notre texte.

N. 2. — *Vies des hommes illustres et grands capitaines françois,* Henry II, parmi les Œuvres complètes de Brantôme, édit. du *Panth. litt.,* t. I, p. 307, col. 1.

Plus loin, le même écrivain donne aussi Pietro Strozzi comme un grand amateur de chevaux : « Il s'est veu, dit-il, pour un coup avoir vingt pièces de grands chevaux, les uns plus beaux que les autres ; et le seigneur Hespany les luy gouvernoit, qui estoit son escuyer ; et depuis la mort de son maistre, M. de Guyse le prit à son service. Il tenoit quasy toujours ses chevaux à Seme, qui est un fort beau chasteau et belle maison près du port de Pilles, » etc. *(Ibid.,* p. 676, col. 2.)

N. 3. — *Mémoires,* dans la collect. Petitot, 1re série, t. XXXVII, p. 28, 206.

Madame de Motteville, décrivant l'entrée à Paris d'une ambassade polonaise, qui eut lieu dans l'hiver de 1645, vante leur équipage. « Après eux venoient nos académistes, dit-elle, qui, pour faire honneur aux étrangers et déshonneur à leur pays, étoient allés audevant d'eux ; mais ils parurent pauvres, et leurs chevaux aussi, quoiqu'ils fussent chargés de rubans et de plumes de toutes couleurs.... Quelques-uns de leurs chevaux étoient peints de rouge, et cette mode, quoique bizarre, ne fut point trouvée désagréable. » *(Mémoires,* dans la collection Petitot, 2e série, t. XXXVII, p. 154, 155.)

Les académistes dont parle madame de Motteville étaient les jeunes seigneurs qui s'étaient exercés à l'académie, c'est-à-dire à l'école d'équitation. On connaît la *Comédie des Académistes* de Saint-Évremont, qui voulait tourner les académiciens en ridicule.

Au dix-septième siècle, les académies le plus en renom à Paris étaient, dans le faubourg Saint-Germain, celles de Glapier le Lyonnais, de Bernaldi, gentilhomme lucquois, de du Vernay, de Roquefort, rue de l'Université, de la Vallée, de Foubert, rue Sainte-Marguerite, de Solleysel, auteur du *parfait Maréchal* (Édouard Fournier, *Variétés historiques et littéraires*, t. IV, p. 188); mais au-dessus de ces maîtres, il semble qu'il faille placer Benjamin, qui, en 1622, avait 10,000 livres de pension. (Remond, *Sommaire Traicté*, etc., dans les mêmes *Variétés historiques et littéraires;* t. VI, p. 118.) Saint-Amant l'appelle

Des bons escuyers la source.

Cinq-Mars et le duc d'Enghien (le grand Condé) prirent des leçons chez lui. (*Mémoires de l'abbé Arnauld*, dans la collection Petitot, 2ᵉ série, t. XXXIV, p. 130, 134, 135.)

P. 93, N. 1. — Le manuscrit de dédicace, composé de trente feuillets et orné de dessins, a figuré en 1834, à la vente Revoil, où il a été adjugé à 312 francs. Jean Heroard était sans doute parent du trésorier Erouard, frère du médecin du Dauphin, dont Pierre de l'Estoile annonce la mort à la date du 20 mai 1603. (Supplément des Mémoires journaux, dans la collection Petitot, 1ʳᵉ série, t. XLVII, p. 388.)

N. 2. — *Mémoires des sages et royalles œconomies d'Estat*, etc., édition aux VV verts, t. II, ch. VI, p. 26. — *Recueil des lettres missives de Henri IV*, vol. V, p. 402.

N. 3. — Anvers, 1614, in-4°, figures. (Catal. Huzard, n° 4124; t. III, p. 377.)

N. 4. — Sans indication de lieu d'impression, 1639, petit in-12, de vingt pages. (Catal. Huzard, n° 4125; t. III, p. 377.)

P. 94, N. 1. — Le duc de Lorraine, ne pensant qu'à refaire ses troupes, s'avisa d'un plaisant moyen pour remonter sa cavalerie. Il assembla tous ses curés, sous prétexte de délibérer des choses qui regardaient leurs églises, et, pendant qu'on les amusait, il fit prendre tous leurs chevaux, qu'il fit ensuite distribuer dans ses régiments, disant qu'il n'était pas raisonnable que des prêtres allassent à cheval et que tant de braves cavaliers fussent à pied. (*Mémoires de l'abbé Arnauld*, ann. 1642; dans la collection Michaud et Poujoulat, p. 507, col. 1.)

N. 2. — *Correspondance administrative sous le règne de Louis XIV*, t. III, p. 663.

P. 95, N. 1. — *Ibid.*, p. 663, 664, en note.

N. 2. — *Ibid.*, p. 665.

P. 96, N. 1. — *Ibid.*, p. 740.

On peut se faire une idée de la manière dont les gentilshommes d'alors gouvernaient leurs haras, en lisant dans les mélanges politiques et économiques réunis par les soins d'Armand-Charles de la Meilleraye, duc de Mazarin (manuscrit de la Bibliothèque impériale n° 7234-3, p. 345, 346) le « Mémoire de l'ordre que tiendra Dandres, pour les vieilles jumens de mon haras de Beffort. » Seulement il ne faut pas oublier que l'auteur était le plus vétilleux, le plus étroit, le plus insupportable esprit que la terre ait peut-être porté.

Auparavant, p. 163, parmi les *cas amendables pour estre publiez par tous les villages du comté de La Ferre, Marle et Ham et par toutes les terres où pareille chose a lieu*, on lit : « Deffences seront faites très-expresses à tous ceux qui eslèvent des poullains de les laisser courir çà et là sur les héritages du territoire sans cordes ni licols. Pour cela il sera estroitement enjoint à qui que ce soit, huit mois après que lesdits poulains auront esté près de leur mère, de les retenir dans les estables, escuries ou entrave, et de ne les laisser sortir dehors sans licols, cordes aux piedz, ou autres choses pour les arrester, » etc.

N. 2. — *Correspondance administrative sous le règne de Louis XIV*, t. III, p. 772.

P. 97, N. 1. — Isambert, *Recueil général des anciennes lois françaises*, etc., t. XVIII, p. 63, 64, n° 460. Auparavant, p. 25, n° 407, on trouve mentionnée une déclaration portant qu'il sera fait information de l'état des haras.

N. 2. — *Advis. On peut, en France, eslever des chevaux, aussi beaux, aussi grands et aussi bons, qu'en Allemagne, et royaumes voisins. Il y a un secret pour faire aux belles cavales entrer en chaleur et retenir,* etc., in-4° de 16 feuillets. (Catal. Huzard, n° 4126; t. III, p. 377.)

N. 3. — *Correspondance administrative sous le règne de Louis XIV,* etc., t. III, p. 778.

P. 98, N. 1. — *L'Ombre du grand Colbert,* par La Font de Saint-Yenne, p. 100.

N. 2. — *Corresp. adm. sous le règne de Louis XIV,* t. III, p. 197. Voyez encore p. 198.

P. 99, N. 1. — *Ibidem,* p. 311.

N. 2. — Voyez la *nouvelle Biographie générale,* t. XIX, col. 544.

N. 3. — Voyez le catalogue Huzard, n°s 3633-42, t. III, p. 332.

N. 4. — *Ibidem,* n°s 3453-54, p. 317.

N. 5. — *Ibidem,* n° 4586, p. 420.

N. 6. — Paris, 1756, in-4°.

N. 7. — *Le nouveau parfait Maréchal,* etc., traité des haras, ch. Ier, p. 54.

P. 100, N. 1. — *Ibidem,* p. 55.

N. 2. — *Corresp. adm. sous le règne de Louis XIV,* t. I, p. 503. Lettre du 13 août 1671.

P. 101, N. 1. — *Ibidem,* p. 506.

P. 102, N. 1. — *Ibid.,* t. III, p. 612.

P. 103, N. 1. — *Le nouveau parfait Maréchal,* etc., p. 59.

N. 2. — P. Clément, *Histoire de la vie et de l'administration de Colbert,* etc. Paris, 1846, in-8°, ch. XI, p. 268, 269.

N. 3. — *Corresp. adm. sous le règne de Louis XIV,* t. III, p. 664.

P. 104, N. 1. — P. Clément, *Histoire de la vie et de l'administration de Colbert,* etc., p. 268, 269.

N. 2. — Catalogue Huzard, n°s 4129, 4130; t. III, p. 377, 378.

N. 3. — *Ibidem,* n° 4132, t. III, p. 378.

N. 4. — *Ibidem,* n° 4133.

N. 5. — Catalogue Huzard, nº 4135, t. III, p. 378.

N. 6. — Bruzen de la Martinière, *le grand Dictionnaire géographique,* etc. Dijon et Paris, 1739, in-folio, art. *Mauriac.* — Vosgien, *Dictionnaire géographique-portatif,* etc. Paris, 1749, in-8º, même article.

P. 105, N. 1. — Sidonius Industrio. (*C. S. Apollinaris Epistolæ,* lib. IV, ep. IX.)

P. 106, N. 1. — *Mémoire concernant la province d'Auvergne,* publié par M. Bouillet. Clermont-Ferrand, 1845, in-8º, p. 131.

N. 2. — *Ibidem,* p. 18.

P. 109, N. 1. — Jacques Moreau, *Suite du Virgile travesti,* liv. X; édit. d'Amsterdam, 1737, p. 129.

P. 108, N. 1. — *L'État de l'Auvergne en 1765,* etc., publié par J.-B. Bouillet. Clermont-Ferrand, 1846, in-8º, p. 172 et suiv.

N. 2. — *Chronicon Gaufredi Vosiensis,* dans le *Recueil des historiens des Gaules et de la France,* etc., t. XII, p. 445, D.

N. 3. — *Benedicti Petroburgensis abbatis Vita Henrici II, Angliæ regis,* dans le *Recueil des historiens des Gaules et de la France,* t. XIII, p. 173, B.

P. 111, N. 1. — Parmi les papiers provenant de l'intendance de la généralité de Poitiers, conservés aujourd'hui aux archives de la préfecture de la Vienne, on trouve, à la date de 1772 et 1773, des procès-verbaux de visite des baudets dans chaque élection, et aux années suivantes, des comptes rendus à l'intendant de recettes et dépenses faites pour les haras (1782-1787), une lettre de M. de Calonne à M. de Nanteuil, intendant du Poitou, au sujet des priviléges accordés aux gardes-étalons et garde-haras, avec la réponse de l'intendant (1785), et une réponse aux questions proposées à M. Bertin sur l'état actuel des haras dans la généralité de Poitiers et sur les moyens de les perfectionner.

P. 113, N. 1. — Villemain, *Cours de littérature française,* moyen âge, 1re leçon.

P. 115, N. 1. — Voyez le *Bulletin des lois de l'Empire français,* 4e série, t. V, p. 302-307.

P. 128, N. 1. — Nous avons emprunté ces chiffres au Rapport de la Commission des pétitions du Sénat. On nous fait remarquer qu'ils peuvent ê're exagérés. Quoi qu'il en soit, nous extrayons des tableaux de Douanes publiés par le Gouvernement, le nombre des chevaux importés en France de 1854 à 1858 inclusivement :

	ENTIERS.	HONGRES.	TOTAUX.
1858.........	487	7,752	8,239
1857.........	776	9,675	10,451
1856.........	852	12,090	12,942
1855.........	671	16,567	17,238
1854.........	661	14,373	15,034
			63,904

P. 130, N. 1. — M. Édouard Bourdet, dans *la Presse* du 28 juin 1860.

Postérieurement, un autre écrivain, traitant dans le même journal de la question chevaline (n° du 8 juillet 1860), assurait qu'il lui serait bien facile, si l'espace le lui permettait, de réfuter la réponse de M. Houël à M. le baron de Pierres. Ce mot ne rappelle-t-il pas celui de ce narrateur qui disait : « En ce moment je pourrais présenter une réflexion profonde ; mais elle ne me vient pas ? »

P. 133, N. 1. — L'inspecteur de l'administration des Haras, iont nous rapportons ici les paroles, est le même M. Pétiniaud, ʒue nous citons encore plus loin.

N. 2. — *Annales administratives et scientifiques de l'agriculture française,* etc., 3ᵉ série, t. IV, p. 75, n° 23 ; t. V, p. 177, 229 ; t. VI, p. 211.

P. 134, N. 1. — *Ibid.,* t. VI, p. 230.

Dans la seconde partie de ses *Considérations sur les races d'animaux domestiques,* M. le vicomte Redon de Beaupréau, après avoir établi l'origine orientale du cheval anglais pur sang, assure qu'en premier lieu, dès le début, les chevaux tirés d'Orient n'ont été admis définitivement comme reproducteurs qu'après que leur valeur, sous ce rapport, a été observée et constatée dans ses produits. C'était une première et capitale garantie de l'unité du type importé.

« En second lieu, ajoute l'écrivain, une série non interrompue d'accouplements judicieux, en unissant les produits les plus parfaits et les plus rapprochés du type primitif, c'est-à-dire arabe, a eu pour effet de remonter à cette source, par suite, d'uniformiser et de fixer le type tel que nous l'admirons aujourd'hui dans la race anglaise dite *pur sang*.

» Or, si l'on recherche ce qu'est devenue, après deux cents ans, la race orientale naturalisée en Angleterre, on trouve que la taille s'est accrue, que les systèmes osseux et musculaire se sont développés, que, par suite, la vitesse s'est augmentée, puisqu'il est certain qu'aucun cheval de l'Orient ne peut aujourd'hui lutter, sur les hippodromes, avec les chevaux de pur sang anglais. En ce qui touche l'aspect général des formes, peut-être un œil exercé peut-il encore discerner quelque trace de la double provenance originelle.

» Tel cheval anglais de pur sang peut tenir des arabes, tel autre des barbes. Mais à part ces nuances légères, le type général est assez constant et assez uniforme, assez empreint d'arabe, pour que M. Prisse d'Avenne... ait écrit après avoir établi que le Koheil est le pur sang arabe : « Le Koheil-Nedjdi (c'est » à-dire du Ned, province de l'Arabie centrale, généralement » reconnue pour produire la plus noble race de chevaux), le » Koheil du centre de l'Arabie offre des caractères qui l'indiquent » incontestablement comme l'origine du cheval anglais. Ce qui » distingue particulièremet le Koheil-Nedjdi, c'est quelques traits » exceptionnels; c'est sa haute taille, sa robe baie, sa longue » épaule surtout, enfin ses oreilles un peu longues, mais gra- » cieuses. Or, qui ne se souvient avoir déjà remarqué ces traits- » là sur beaucoup de chevaux anglais que le Koheil rappelle in- » volontairement? » (*Revue contemporaine*, etc., cahier du 31 juillet 1860, p. 339, 340.)

Il est à remarquer, à la suite de cette citation, qu'avec le cheval oriental, nos voisins ont importé la baguette au moyen de laquelle on les conduit. « Le *stick* des Anglais, dit M. Pétiniaud, dans la relation encore inédite de son voyage en Orient, me paraît imité du djérid, mais il n'est qu'un ornement de fashion, tandis que la baguette des Arabes joue un rôle important dans leurs manœuvres. Les Anglais me paraissent avoir emprunté bien d'autres choses au régime hippique des Arabes. Ainsi, en Arabie comme en Angleterre, la nourriture est surtout abondante pendant le jeune âge des chevaux, puis plus restreinte dans l'âge adulte. On veut d'abord assurer la croissance et le tempérament de l'animal, et plus tard on le maintient en sobriété, pour le tenir apte à subir les plus grandes épreuves. C'est bien là le principe de l'entraînement. La première nourriture du poulain arabe, après le lait de sa mère, qu'il ne boit pas longtemps, est une bouillie faite avec de la farine d'orge, de la pulpe de dattes et du lait de chamelle. Cette substance le développe avec grand succès, lui prépare de bons viscères et de puissants muscles. Ce poulain, presque toujours attaché ou entravé près de la tente, et recevant sa nourriture de la main de son maître, prend celui-ci en affection, et n'a aucune idée de défense lorsqu'on lui pose un enfant sur le dos dès l'âge d'un an ; puis quand vient le moment du travail, il est déjà familier avec le devoir, et il sert son cavalier sans lui opposer la moindre résistance. Le cheval arabe, devenu adulte, est soumis aux conditions et aux exercices de l'entraînement ; il boit peu, ne mange que des choses substantielles, comme la farine d'orge détrempée ou cuite en gâteaux, et des dattes. Au repos, il est chargé de couvertures comme le cheval anglais ; il a, de même, la tête et le col enveloppés ; en marche, des genouillères protègent ses articulations contre les chutes ; enfin, il y a des temps de galop faits sous la couverture pour occasionner la transpiration, et pour réduire, condenser et assouplir les muscles. Tout, en un mot, est combiné pour réunir au plus haut degré la force et l'agilité.

» Dans le pansage enfin, le mouvement de la brosse est accompagné du même sifflement que font entendre les palefreniers anglais. Comment une coïncidence si parfaite de soins et de régime se trouve-t-elle en Angleterre et en Arabie? Les Arabes, sans doute, ne sont pas allés copier les Anglais; il me paraît plus vraisemblable que le mouvement inverse a eu lieu. Ainsi, les Anglais qui aujourd'hui dédaignent les chevaux arabes, qui les renieraient volontiers comme les pères de leur race de turf, se trouvent avoir emprunté de l'Arabie non-seulement les étalons et les jumens, auteurs de leur *racer*, mais aussi l'art de nourrir le poulain, de soigner et de panser le cheval, de le faire transpirer sous la couverture et de le préparer aux épreuves pour l'entraînement.

» On dit que les chevaux anglais sont la race arabe améliorée; je ne trouve pas cela bien exact. Sans doute, sous l'influence d'un climat diversement favorable et de soins assidument prodigués, le cheval d'origine orientale est devenu, en Angleterre, plus grand, plus fort, plus vite à la course que dans sa patrie primitive, et il dépasse de beaucoup son ancêtre dans l'aptitude pour l'hippodrome. Mais que de qualités, précieuses au point de départ, se trouvent avoir disparu au point d'arrivée! Que sont devenues, chez le cheval anglais, cette souplesse et cette élasticité qui ménagent le cavalier et le rendent dispos sur les jambes de son cheval comme sur les siennes propres? Que sont devenues cette patience et cette sobriété indispensables dans le cheval de guerre? Les chevaux anglais peuvent-ils supporter les privations, les misères inhérentes au régime des camps? et quelles manœuvres en obtient-on devant l'ennemi? Le cheval arabe, je le vois tous les jours aux prises avec de dures nécessités ou manœuvrant au milieu du péril, et toujours il est admirable. La faim, la soif, la fatigue, rien ne l'abat; il aime et il flaire les combats, comme le coursier de Job, et il y déploie son intelligence et sa docilité non moins que son audace; il tourbillonne autour de son ennemi, et revient faire couper les jarrets de tel qui allait l'atteindre à la course. Peut-être, du reste, est-il difficile de retrouver aujourd'hui les types principaux qui ont formé la race anglaise. La race arabe semble avoir faibli, comme je le dirai plus tard à propos du Nedjed;

mais je pense, en outre, que les chevaux de haute supériorité n'ont jamais été faciles à rencontrer. Je n'en veux d'autre preuve que la manière dont s'est faite la race de pur sang en Angleterre. Cent étalons et peut-être plus, avec autant de jumens, furent amenés d'Arabie pour la procréer. Sur le nombre des étalons, trois ou quatre seulement ont vu leur postérité survivant à celle de tous les autres, qui avait été vaincue par elle dans les luttes de l'hippodrome, et qui, pour ce fait, a été condamnée à la suppression. Ainsi, les pères de la race anglaise, *Bierley-Turk, Darley-Arabian, Godolphin,* sont donc des chevaux qui se sont trouvés d'un mérite dominant entre cent qui avaient été eux-mêmes l'objet d'un choix contrôlé par l'intelligence et le sacrifice. »

P. 136, N. 1. — *La Patrie,* n° du 9 août. D'autres articles non moins remarquables sur l'industrie chevaline, dus à la même plume, ont paru dans la même feuille, le 29 juillet, les 3, 17, 19, 22, 28, 29 août, 1er, 3 et 12 septembre. Il faut espérer que la librairie ne les laissera pas perdre, et qu'ils seront réunis en un volume.

J'ai appelé le cheval *le compagnon de l'homme* : c'était le cas, ou jamais, de citer des exemples singuliers d'intimité entre ces deux rois de la création. Un bibliographe de Lyon, Los-Rios, dédie à son cheval ses œuvres imprimées en 1789, in-8°. On trouve, à la page 10, un chapitre intitulé : *De ma société avec mon cheval, et son éloge.* Los-Rios se conserva la signature, dit-il.

Un Toulousain, mort vers 1780, institua son cheval son légataire universel. Il en résulta un procès; le quadrupède gagna sa cause. (Peignot, *Choix de testaments,* etc., t. II, p. 8.) Sûrement « cet homme était le frère de celui qui aimait si fort son cheval, qu'il lui mettait du beurre dans son foin. » (Shakspere, *King Lear,* act. II, sc. IV.)

Malheureusement, il n'est pas sans exemple que l'homme ait fait sa compagne de la jument. Sans remonter jusqu'aux centaures, qui semblent impliquer une honteuse intimité entre ces deux êtres, nous renverrons à un passage des Annales de Saint-Bertin, dans lequel est rapporté le supplice d'un barbare surpris en flagrant délit de bestialité [1], et nous rapporterons, d'après Pierre de l'Estoile, l'histoire de cet homme « lequel ayant eu compagnie d'une jument, en avoit eu deux enfans. Pour laquelle abomination ayant esté condamné à estre bruslé tout vif avec sa jument, en aiant apelé à Paris, la sentence confirmée par arrest du parlement, fut renvoié sur les lieus pour y estre exécuté; et pour le regard des deux enfans, fut ordonné que la Sorbonne s'assembleroit pour résoudre ce qu'on en auroit à faire [2]. »

Mais en voilà assez sur ce triste sujet; ceux qui en voudront savoir plus long peuvent recourir aux *Traditions tératologiques,* etc., de M. Berger de Xivrey. Paris, 1836, in-8°, p. 28-37. Ils y trouveront la mention, également fabuleuse sans doute, de deux monstres qui traînaient le char d'un autre, de deux juments hermaphrodites appartenant à Néron, et trouvées dans les Gaules [3].

Au moment de mettre sous presse la dernière feuille de ce travail, nous recevons le *Moniteur universel* du 17 novembre, qui nous semble annoncer la solution prochaine de la question chevaline. Il renferme les rapports de la Commission réunie sous la présidence

---

[1] « Quadam die junior [quidam] cum equo coiens repertus, judicio Francorum vivus incendio crematur. » (*Annales Bertiniani*, A. D. DCCCXLVI; apud D. Bouquet, *Recueil des historiens des Gaules et de la France,* t. VII, p. 64, B.)

[2] Registres journaux de P. de l'Estoile, octobre 1607; dans la collection Petitot, 1re série, t. XLVIII, p. 78.

[3] « Ostentabat certe [Nero] hermaphroditas subjunctas carpento suo equas, in Treverico Galliæ agro repertas : ceu plane visenda res esset, principem terrarum insidere portentis. » (Plin., *Hist. Nat.,* lib. XI, c. XLIX.)

de S. A. I. le prince Napoléon, celui de la majorité et celui de la minorité.

« La Commission, dit l'auguste Rapporteur, a tout d'abord reconnu à l'unanimité la nécessité de faire cesser les incertitudes actuelles, pour marcher résolument dans la voie, soit de la restriction, soit de l'extension de la liberté de cette industrie. » Mais quand il a fallu opter entre les deux systèmes, il y a eu partage : treize votants contre douze.

La majorité voudrait une intervention directe de l'État dans la production chevaline ; elle demande qu'il soit possesseur d'étalons, de juments, et même producteur d'étalons ; pour cela, elle réclame la création de deux jumenteries : l'une, de vingt juments de pur sang anglais, qui serait utilement placée au Pin ; l'autre, de quarante juments de pur sang anglo-arabe, à Pompadour. Le rétablissement de l'école des Haras lui semble de toute nécessité, ainsi que le maintien des courses. Quant à l'industrie privée, la majorité de la Commission la respecte ; mais elle est d'avis qu'il faut exiger des étalons libres une patente de santé. Enfin, l'administration des Haras, rassurée sur son avenir, consolidée, agrandie, doit reprendre aux yeux de tous son ancien prestige : ce prestige tourne aux profit de son influence et de ses moyens d'action.

C'est justement là ce que nous avons cherché à établir dans les pages qui précèdent.

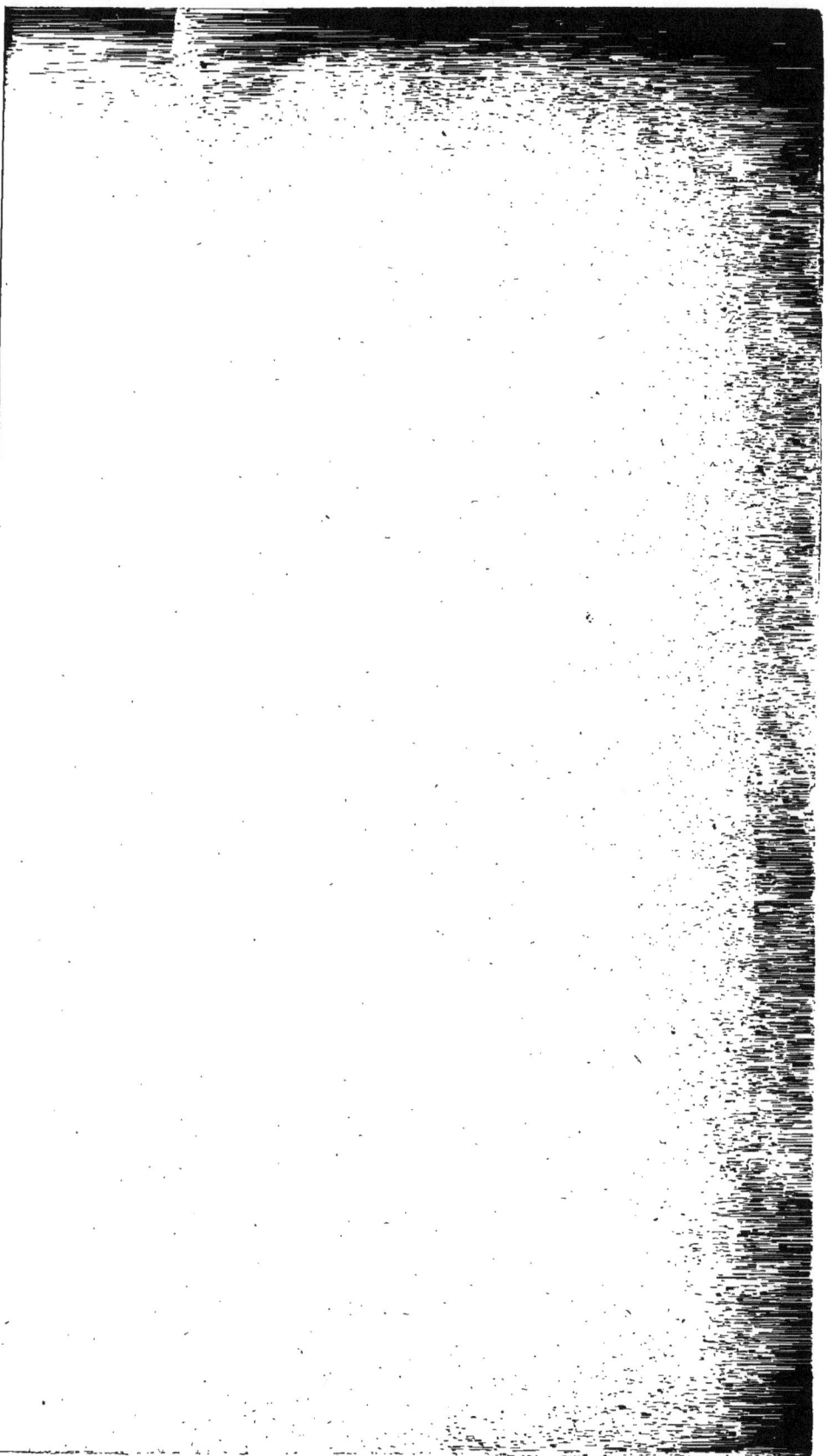

www.ingramcontent.com/pod-product-compliance
Lightning Source LLC
Chambersburg PA
CBHW070516200326
41519CB00013B/2824